第八辑
（2021年）

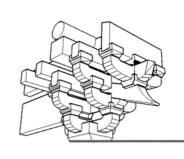

北京古代建筑博物馆 编

北京古代建筑博物馆文丛

学苑出版社

图书在版编目（CIP）数据

北京古代建筑博物馆文丛. 第八辑 / 北京古代建筑博
物馆编. — 北京：学苑出版社，2022.6
ISBN 978-7-5077-6421-5

Ⅰ.①北… Ⅱ.①北… Ⅲ.①古建筑—博物馆—
北京—文集 Ⅳ.① TU-092.2

中国版本图书馆 CIP 数据核字（2022）第 080678 号

责任编辑：周　鼎
出版发行：学苑出版社
社　　址：北京市丰台区南方庄 2 号院 1 号楼
邮政编码：100079
网　　址：www.book001.com
电子信箱：xueyuanpress@163.com
联系电话：010-67601101（营销部）、010-67603091（总编室）
印 刷 厂：三河市灵山芝兰印刷有限公司
开本尺寸：787×1092　1/16
印　　张：18.25
字　　数：277 千字
版　　次：2022 年 6 月第 1 版
印　　次：2022 年 6 月第 1 次印刷
定　　价：128.00 元

接待国家文物局领导视察

接待北京市人大法制办调研

接待北京市政协考察

北京先农坛活化利用方案专家研讨会

签署接收先农坛神仓院的协议

北京先农坛活化利用方案策划技术服务协议签约仪式

召开先农坛保护规划利用专家会

具服殿后身违规建筑在拆除中

拆除违规建筑后的具服殿后身

小朋友认真参与春耕活动互动项目

进行新志愿者培训

参加 2021 年服贸会的本馆现场

学习首都核心功能区详细规划

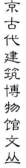

学习十九届六中全会精神

举办党史专题教育学习

参观北京大学红楼后合影

召开工会职工大会

# 北京古代建筑博物馆文丛
# 第八辑（2021 年）

## 编 委 会

# 目　录

[坛庙文化研究]

明清先农坛祭祀用乐 ……………………………………… ◎黄海涛　3

坛庙礼乐导论 …………………………………………………… ◎贾福林　20

药皇：作为医药之神的炎帝神农氏 ………………… ◎董绍鹏　33

先蚕坛建筑风格初探 ………………………………………… ◎刘文丰　45

浅述祭天斋戒礼仪与斋戒场所 ………………………… ◎刘　星　57

坛庙文化在首都文化功能建设中的价值研究 ………… ◎郭　爽　66

《孝贤纯皇后亲蚕图卷》先蚕祭器形制浅析 ………… ◎陈媛鸣　84

[历史与文化遗产]

忆我的老师赵迅先生二三事 ……………………………… ◎董绍鹏　99

清代祭祀礼乐文明考辨 …………………………………… ◎王　莹　107

文化遗产保护利用的数字化表达 ……………………… ◎闫　涛　122

浅谈北京天桥的历史变迁 ………………………………… ◎温思琦　132

简述民国时期北京先农坛的使用状况 ……………… ◎周　磊　140

论北京先农坛在北京中轴线申遗中的关键地位 ………… ◎王昊玥　147

[古建筑保护]

先农坛太岁殿建筑大木构架特征分析 ……………… ◎孟　楠　163

浅谈新技术在古建筑保护中的应用
　　——以银山塔林虚静禅师塔测绘为例 ……………… ◎李佳姗　185

先农坛神仓院保护修缮工程现状调查与保护修缮研究····· ◎王昊玥　194

元朝建筑之美

　　——永乐宫价值简析 ················· ◎蔡昕月　206

## ［文物研究与赏析］

古泗水岸边的遐想

　　——脩石斋藏古下邳国画像砖石赏析 ············· ◎张　敏　223

如　　林 ································· ◎苏　振　233

## ［博物馆学研究］

关于行政事业单位财政预算资金信息管理一体化的探讨

　　 ································· ◎董燕江　245

公立博物馆职工绩效管理初探 ··············· ◎黄　潇　252

着眼新问题，树立新理念，努力构建博物馆档案管理新格局

　　 ································· ◎周晶晶　262

博物馆科普工作多元化探析

　　——以北京古代建筑博物馆为例 ··············· ◎陈晓艺　269

北京古代建筑博物馆文丛 第八辑 2021年

# ［坛庙文化研究］

# 明清先农坛祭祀用乐

《左传》云："国之大事，在祀与戎。"将"祭祀"放在"用兵"之前。具有象征意义的祭祀，无不祈求"国泰民安"，而"民以食为天"，没有强大的农业基础，"国泰民安"当是一句空话。无有"民安"，岂有"国泰"。因此，古代帝王均重农事，而祭祀先农，更为具象。

明清两代祭祀先农，定型为三个仪程，即祭祀、耕耤、筵宴。

## 祭　祀

明代祭祀先农的制度，是逐步完善的。洪武元年（1368 年），"耕耤田，享先农，以劝天下"，遂建坛祭祀。洪武八年（1375 年），朱元璋说："我想先农只是古一个种田的人，今后祭先农时，百官都致斋，那当祭日子，教应天府官率耆老并种田的老人去祭，祭毕，我率百官到那田所，依前亲耕。"并亲撰为《诗经》体乐章：

**迎神　永和**

东风启蛰，地脉奋然。苍龙挂角，烨烨天田。民命惟食，创物有先。圜钟既奏，有降斯筵。

**奠帛　永和**

帝出乎震，天发农祥。神降于筵，蔼蔼洋洋。礼神有帛，其色惟苍。岂伊具物，诚敬之将。

**初献　寿和　武功之舞**

九谷未分，庶草攸同。表为嘉种，实在先农。黍稷斯丰，酒醴是供。献奠之初，以祈感通。

**亚献　宁和　文德之舞**

俾彼甫田，其隰其原。耒耜云载，骖御之间。报本思享，亚献惟虔，神其歆之，自古有年。

### 终献　雍和　文德之舞

帝耤之典，享祀是资。洁丰嘉粟，咸仰于斯。时惟亲耕，享我农师。礼成于三，以讫陈词。

### 彻馔　景和

于赫先农，歆此洁修。于筐于爵，于馔于篸。礼成告彻，神惠敢留。餕及终亩，丰年是求。

### 送神　泰和

神无不在，于昭于天。曰迎曰送，于享之筵。冠裳在列，金石在悬。往无不之，其佩翩翩。

### 望瘗　泰和

祝帛牲醴，先农既歆。不留不亵，瘗之厚深。有幽其瘗，有赫其临。曰礼之常，匪今斯今。

朱元璋从来不避讳自己的平民出身，称帝之后虽经过苦学，也能作诗，但如此古奥之词，未必为其所作，或虽为亲撰而经词臣润色，或竟由词臣所撰而冠其名，也未可知。《太常续考》载有曲谱，此不赘录。明代的中和韶乐，即为雅乐。古之雅乐，均循宫商角徵羽五音，即现代简谱的12356，不用4与7两个半音，而明代竟增有半音。词与曲配，一字一音，此乃雅乐定式。明代将祭祀先农归于中祀，有别于祭祀天、地、社、稷等大祀，其祭仪分为八项，每项均奏音乐为八奏，唯三献（初献、亚献、终献）加入舞蹈。

祭祀礼仪繁缛，整个过程伴以乐舞。就其音乐而言，一字一音，平实单调，舞蹈一字一造型，绝无欣赏价值。虽是献给神祇，却也给祭祀平添了几分庄重肃穆的氛围。

清朝入主中原，一应礼乐制度，均袭明制。根据明朝被革礼部尚书、降清后被封为大学士的冯铨，与明兵部尚书、降清后亦被封为大学士的洪承畴等建言，清廷才初步建立了祭祀、朝会等礼乐制度，将钟磬等乐器改刻年款，明廷乐工改换清朝服饰，仍服务于清宫。顺治十一年（1654年），重定耕耤乐章名称，将"和"改为"丰"，"瘗毛血迎神，乐奏永丰之章；奠帛初献，乐奏时丰之章；亚献，乐奏咸丰之章；终献，乐奏大丰之章；彻馔，乐奏屡丰之章；送神，乐奏报丰之章；望瘗，乐奏庆丰之章"（《皇朝文献通考》卷155）。由明代的八项仪程改为七项，将奠帛与初献合并为一项，乐用七成。清代初行定立的乐制后，一直持续使用多年，经康熙、雍正两朝，略有改动，大多仍沿其旧。直至乾隆朝，国力鼎盛，通盘修订礼乐。乾隆七年（1742 年）重新订正了歌词。乾隆八年（1743 年）下旨："向来先农坛亲祭，始用中和韶乐，遣官则同小祀之例，不用中和韶乐。查朝日、夕月等中祀，虽遣官，仍用中和韶乐，但不饮福受胙而已。朕思国之大事在农，先农宜在中祀之列，此次遣和亲王恭代，即着照朝日、夕月等坛之例，用中和韶乐，永著为例。"（《御制律吕正义后编》卷首下）更定后的曲谱如下：

## 迎神 永丰之章

姑洗为宫 黄钟起调

1=♭A

```
6  1  5  3 | 0: 0: 0: | 5  6  1  2 | 0: 0: 0: |
先 农 播 谷，       克 配 彼 天。

3  3  6  5 | 0: 0: 0: | 5  6  3  2 | 0: 0: 0: |
粒 我 蒸 民，       于 万 斯 年。

1  2  3  5 | 0: 0: 0: | 3  5  1  2 | 0: 0: 0: |
农 祥 晨 正，       协 风 满 峤。

1  2  6  i̇ | 0: 0: 0: | 1  5  1  6 | 0: 0:  0: ‖
曰 予 小 子，       宜 稼 于 田。
```

## 奠帛初献 时丰之章

1=♭A

```
6  1  2  3 | 0: 0: 0: | i̇  6  3  5 | 0: 0: 0: |
厥 初 生 民，       万 汇 莫 辨。

1  2  3  3 | 0: 0: 0: | 5  3  1  2 | 0: 0: 0: |
神 锡 之 麻，       嘉 种 乃 诞。

6  5  3  2 | 0: 0: 0: | 3  3  3  5 | 0: 0: 0: |
斯 德 曷 酬，       何 名 可 赞。

3  5  1  2 | 0: 0: 0: | 3  2  1  6 | 0: 0:  0: ‖
我 酒 惟 旨，       是 用 初 献。
```

## 亚献　咸丰之章

1=A

6 1 3 2 | 0: 0: 0: 0: | 3 3 1 2 | 0: 0: 0: 0: |
无　物　称　德，　　　　　惟　诚　有　孚。

6 5 3 5 | 0: 0: 0: 0: | 3 5 1 2 | 0: 0: 0: 0: |
载　升　玉　瓒，　　　　　神　肯　留　虞。

3 5 1 6 | 0: 0: 0: 0: | 1 3 1 2 | 0: 0: 0: 0: |
惟　兹　兆　庶，　　　　　岂　异　古　初。

3 3 5 6 | 0: 0: 0: 0: | 5 3 1 6 | 0: 0: 0: 0: |
神　曾　予　之，　　　　　今　其　食　诸。

## 终献　大丰之章

1=A

6 1 2 3 | 0: 0: 0: 0: | 5 3 1 2 | 0: 0: 0: 0: |
秬　秠　糜　芑，　　　　　皆　神　所　赐。

3 6 3 5 | 0: 0: 0: 0: | 2 1 3 2 | 0: 0: 0: 0: |
以　之　飨　神，　　　　　式　食　庶　几。

3 3 5 6 | 0: 0: 0: 0: | 3 2 1 1 | 0: 0: 0: 0: |
神　其　丕　佑，　　　　　佑　我　黔　黎。

1 6 5 3 | 0: 0: 0: 0: | 3 2 1 6 | 0: 0: 0: 0: |
万　方　大　有，　　　　　肇　此　三　推。

彻馔　屡丰之章

1=<sup>♭</sup>A

6̣ 1 3 2 |o: o: o:|3 5 3 5 |o: o: o:|
青 只 司 职，　　　　土 膏 脉 起。

3 5 5 6 |o: o: o:|3 5 3 2 |o: o: o:|
日 涓 吉 亥，　　　　举 耕 耤 礼。

1 2 3 5 |o: o: o:|5 3 6 5 |o: o: o:|
神 安 留 俞，　　　　不 我 遐 弃。

5 6 3 2 |o: o: o:|1 3 1 6̣ |o: o:　 o:‖
执 事 告 撤，　　　　予 将 举 趾。

送神　报丰之章

1=<sup>♭</sup>A

6̣ 1 2 3 |o: o: o:|3 5 6 5 |o: o: o:|
匪 且 有 且，　　　　匪 今 斯 今。

3 5 1 2 |o: o: o:|3 5 6 5 |o: o: o:|
灵 雨 崇 朝，　　　　田 家 万 金。

1 2 6̣ 1 |o: o: o:|3 3 1 2 |o: o: o:|
考 钟 伐 鼓，　　　　戛 瑟 鸣 琴。

3 5 1 2 |o: o: o:|3 2 1 6̣ |o: o:　 o:‖
神 归 何 所，　　　　大 地 秧 计。

## 望瘗　庆丰之章

1=♭A

```
6  1  2  3  | 0: 0: 0: | 5  5  i  6  | 0: 0: 0: |
肃  肃  灵  坛           昭  昭  上  天

3  5  1  2  | 0: 0: 0: | 3  5  3  5  | 0: 0: 0: |
神  下  神  归           其  风  肃  然

1  1  2  3  | 0: 0: 0: | 6  3  6  5  | 0: 0: 0: |
玉  版  苍  币           瘗  埋  告  虔

1  2  5  3  | 0: 0: 0: | 1  2  1  6  | 0: 0:  0: ‖
神  之  听  之           锡  大  有  年
```

宫中用乐，随月定律，即十二个月分别使用十二律吕，每月一律。如十一月即以黄钟为宫，其余类推。祭祀先农，姑洗为宫，相当于现代的降 A 调。其乐章，"康熙五十二年以前所用字谱，仍只是明代之旧"（《御制律吕正义后编》卷首上）。而乾隆定制后的歌词仍用《诗经》体，每章八句；乐谱则改用五声音阶，不用变宫变徵半音。其乐器与圜丘大祀同。先农坛乐悬设于坛下，东西分列，北向。

# 耕　耤

皇帝于先农坛祭祀完毕后，至太岁殿上香，上香毕，至具服殿更衣，由祭服换为黄龙袍。小憩后，至耤田，开始亲耕。此时，金鼓齐鸣，歌"三十六禾词"，挥动五十面彩旗，跟随皇帝行，场面热闹非凡。乐队由和声署三十六人演奏，乐器则有锣、鼓、板、笛、笙、箫各六，歌唱者由十四人组成。耕毕，上观耕台御座观看王公大臣及农夫耕种毕，亲耕礼成。所谓三十六禾词，即三十六句，每句七字，四句为一个单元。其谱为四拍安七字，一、二、三拍共六个音，配六字，一拍一音，配一字，间以五拍的过门，曲调流畅，便于演唱。后乾隆帝仿其体，分别于乾隆三十一年（1766 年）、三十三年（1768 年）各写禾词一首。《皇朝通典》《皇朝文献通考》均载三十六禾词为"世宗宪皇帝御制"，其他文献均记为"雍正二年（1724 年）定"。而庄亲王允禄则言："至三十六禾词，'雨旸时若'等章，系大学士蒋廷锡所撰。"（《钦定律吕正义后编》卷首下）孰可信乎？

　　曲谱如下：

### 禾　词

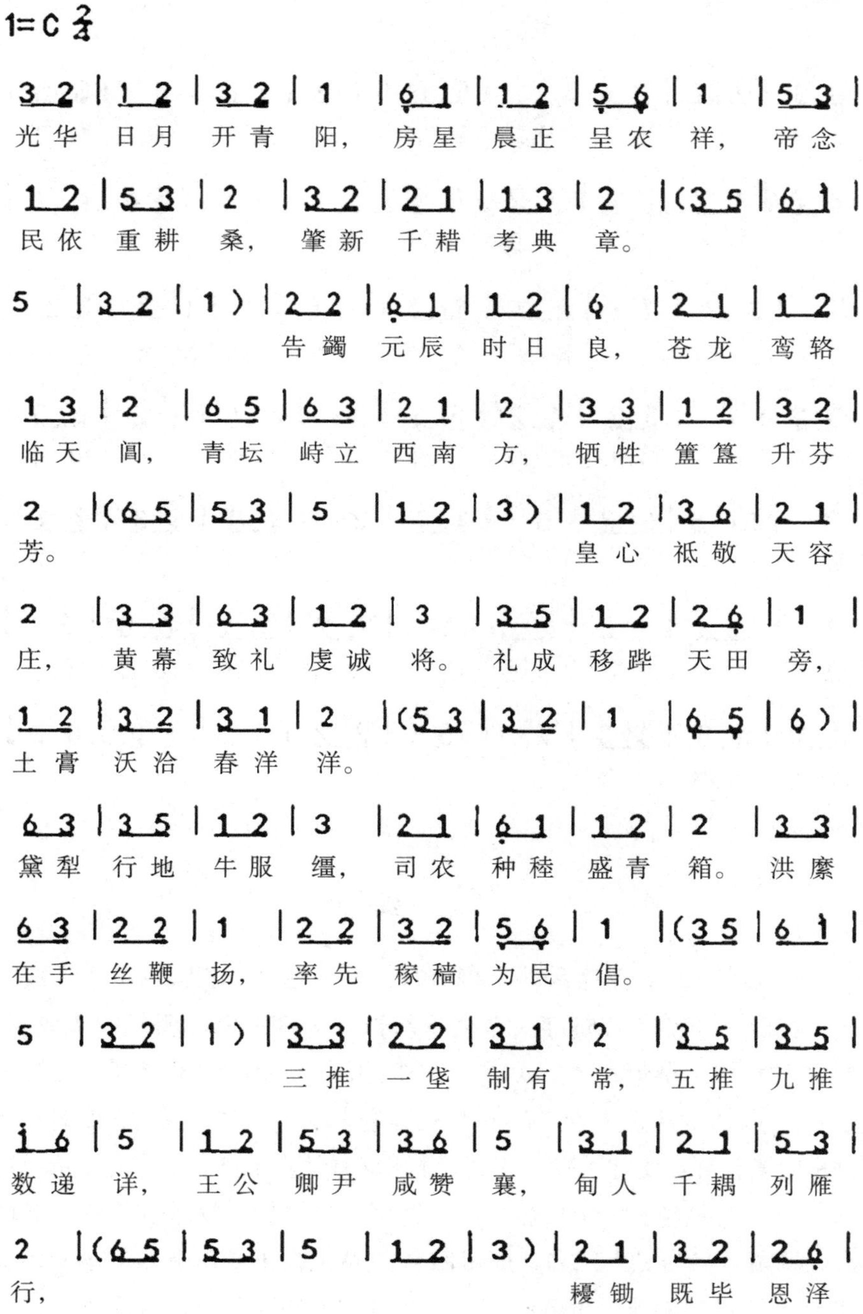

1=C

光华 日月 开青 阳，房星 晨正 呈农 祥，帝念
民依 重耕 桑，肇新 千耤 考典 章。
告蠲 元辰 时日 良，苍龙 鸾辂
临天 阊，青坛 峙立 西南 方，牺牲 簠簋 升芬
芳。　　　　皇心 祇敬 天容
庄，黄幕 致礼 虔诚 将。礼成 移跸 天田 旁，
土膏 沃洽 春洋 洋。
黛犁 行地 牛服 缰，司农 种稑 盛青 箱。洪纛
在手 丝鞭 扬，率先 稼穑 为民 倡。
三推 一堠 制有 常，五推 九推
数递 详，王公 卿尹 咸赞 襄，甸人 千耦 列雁
行，　　　　耰锄 既毕 恩泽

坛庙文化研究

1 | 6 5 | 3 5 | 2 2 | 1 | 1 1 | 6 1 | 2 6 | 1 |
滂， 自天 集福 多丰 穰， 来牟 荞蔺 森紫 芒，

3 5 | 3 3 | 2 1 | 2 | (5 6 | 3 2 | 1 | 6 5 | 6 )
华芟 赤甲 籼杆 秬。

6 3 | 2 1 | 2 6 | 1 | 5 5 | 5 3 | 1 2 | 3 | 3 5 |
秬秠 三种 黎白 黄， 稷粟 坚好 硕且 香。 穈芑

6 3 | 1 2 | 1 | 1 2 | 3 5 | 2 1 | 2 | (3 5 | 6 )
大穗 盈尺 长， 五蔌 五豆 充垄 场。

5 | 3 2 | 1 ) 6 3 | 1 2 | 5 6 | 1 | 1 2 | 3 5 |
稯粱 穈黎 九色 粮， 蜀秫 玉黍

3 2 | 1 | 5 3 | 1 2 | 5 6 | 1 | 2 1 | 1 2 | 6 5 |
兼东 墙， 乌禾 同收 除童 粱， 双歧 合颖 遍理

3 | (6 5 | 5 3 | 5 | 1 2 | 3 ) 3 3 | 6 3 | 2 1 |
疆。 千箱 万斛 收神

2 | 6 3 | 6 5 | 2 6 | 1 | 2 2 | 1 2 | 6 5 | 3 |
仓， 四时 顺序 百谷 昌， 八区 九有 富盖 藏，

2 1 | 5 3 | 1 3 | 2 | (5 6 | 3 2 | 1 | 6 5 | 6 ) ‖
欢腾 亿兆 感圣 皇。

## 筵　宴

　　耕耤礼成后，皇帝乘轿，御斋宫，举行筵宴。斋宫为皇帝斋戒之所，乾隆二十年（1755 年）改先农坛斋宫为庆成宫。明代的庆成宴，据载："耕毕，皇帝置酒于大次，从耕大臣执事百官以及耆老村社皆蒙赐焉。"（《天府广记》卷 8）"耕耤筵宴进桌毕，领舞童五名，四时和队舞承应毕，百戏变碗承应。进酒，领乐官领幼童十三名呈瑞应，承应舞毕，领老人一名、探子二名承应。进馔、撤馔后，领乐官领庄家老四人、舞童八名、老人四名、撺掇四名，'黄童白叟鼓腹讴歌'承应；次文士九名，'感天地'承应；次武士九名，'感祖宗'承应；次进宝回回五名，'颂得胜'承应；次香斗老人三名，'黎民欢乐'承应；次'五方

夜叉五名'承应；次'五海龙王'承应；次'三官五方彩旗'承应；俱用大乐，以次陈伎。"（《皇朝通典》卷64）仅从以上记载，明代的庆成宴是相当热闹的，融四夷乐舞、戏曲杂技等为一体的表演，冲淡了祭祀的严肃性。弘治元年（1488年），"上亲耕耤田，礼毕，宴群臣，时教坊司以杂剧承应，或出狎语。左都御史马文升厉色曰：新天子当知稼穑艰难，岂宜以此渎乱宸聪？即去之"（《天府广记》卷8）。嘉靖元年（1522年），礼科给事中李锡奏言："国之大礼，而教坊承应，哄然喧笑，殊为亵渎。古者伶官贱工，亦得因事纳忠。请自今凡遇庆成等宴例用教坊者，皆预行演习，必使事关国体，可为监戒，庶于戏谑之中，亦寓箴规之益。"（《国朝典汇》卷18）

清代入关后，直至雍正朝，庆成宴仍沿用明制："耕耤筵燕，丹陛乐奏'雨旸时若'；进酒，管弦乐奏'五谷丰登'；进馔，清乐奏'家给人足'。"（《钦定大清会典》卷525）但摒除了戏剧杂技表演。乾隆七年（1742年），庄亲王允禄等就祭祀先农用乐奏言："耤田之乐有三：祭先农坛，一也；亲耕时歌三十六禾，二也；筵宴时奏'雨旸时若''五谷丰登''家给人足'三章，三也。先农坛乐章，系顺治年间之文，现经臣等改定进呈，已蒙朱笔改正，发馆在案。至三十六禾词'雨旸时若'等章，系大学士蒋廷锡所撰，臣等阅其文义古雅，向以为无可更定，是以置之不议。"庄亲王允禄及张照等总理乐部，发现"乐与礼不相符，有不得不改正者"，进一步述其渊源并建言："'雨旸时若'等三章，原为筵宴进酒、进馔而设，即是'喜得功名遂'之类。雍正二年，以其文不雅驯，而令蒋廷锡撰拟，乃蒋廷锡照古乐府体为之，实不能施于宴乐。又雍正二年起，每年耕耤以来，从未赐宴，则此乐本可不奏也。""若有赐宴，则宴乐自所必须。即停止筵宴之岁多，而乐章不可以不具。请将'雨旸时若'等章，照'海宇升平日'之例，另行撰拟。但查前办'海宇升平日'等三阕，具属太长，施之耕耤，更为未便。臣等酌议，每篇较'海宇升平日'字数，止须四分之一，已足可用。"（《御制律吕正义后编》卷首下）

经过重新更定的筵宴仪程为："礼成，导迎乐作，驾至斋宫内门，乐止。中和韶乐作，皇帝御后殿，乐止。报终亩毕，中和韶乐作，皇帝御斋宫升殿，乐止。群臣庆贺行礼，丹陛大乐作。皇帝进茶，赐茶毕，中和韶乐作，皇帝乘辇出宫，和声署、卤簿大乐并作。"（《钦定大清会典事例》卷525）于是，耕耤礼成，取消筵宴，以赐茶代之。将烦琐的筵宴程序大为简化，并改散乐为清乐。至于清乐所奏"喜春光之章""云和迭奏之章""风和日丽之章"，其音乐风格，有类似戏曲的，曲谱刊载于《御制律吕正义后编》之中，而极少演奏。

曲谱如下：

## 进茶　喜春光之章

1=G ⅔

[一解]

```
5 - 6̂1̂7̂ 6 5 | 6̂5̂4̂5̂6̂ 3 | 3 5̂ 6̂5̂4̂5̂ | 3̂ 5̂4̂3 - | 5 - 6 - |
 喜  春   光 ， 将    玑      霭      集 ，

6̂2̂3̂2̂ 3̂1̂7̂6̂ | 3 5̂4̂3 - | 5 6 - 3̂2̂ | 3̂ 5̂4̂3̂2̂ - | 2 - 6̂ 2̂ |
   斗  杓  运 ，   农  祥   正 ，      土

1 2 3 2̂1̂ | 2 1̂7̂ - | 7̂ 1̂2̂2̂ 1̂7̂6̂ | 5 - 5 4̂5̂ | 6̂5̂6̂5̂5̂4̂3̂ |
 脉     融 ，    平    野

2 1̂2̂3̂ - | 3̂6̂7̂6̂5 - | 6̂ 1̂7̂6̂5̂ | 3 5̂4̂3̂ 2̂ | 1 7̂6̂ - |
水     泉   滋 ，  景  风  至 ，

6̂2̂ 3̂ 5̂4̂ | 3 - 2 1̂7̂ | 6̂ 2̂ 3̂ - | 3̂6̂7̂6̂5̂ 6̂7̂ | 6̂ - 2 3 |
 农  夫  涂  胫 。    长   堤  柳 ，

5 5 6̂ 5̂3̂ | 2̂ 3̂ 6̂ 5̂6̂ | 7̂ - 6 - | 6̂2̂3̂2̂5̂ 6̂ | 3 5̂4̂ 3 - |
 茧  馆   条  桑  映 ，   蘘   共  笠 ，

2 1̂7̂6̂2̂ | 3̂ 5̂3̂2̂ | 1 7̂6̂ - | 6̂2̂ 1̂7̂ 6̂2̂ 3̂ | 3̂ 2̂ 2̂1̂ 7̂6̂ |
树  讴  相    水 。    颂  元  后 ，
```

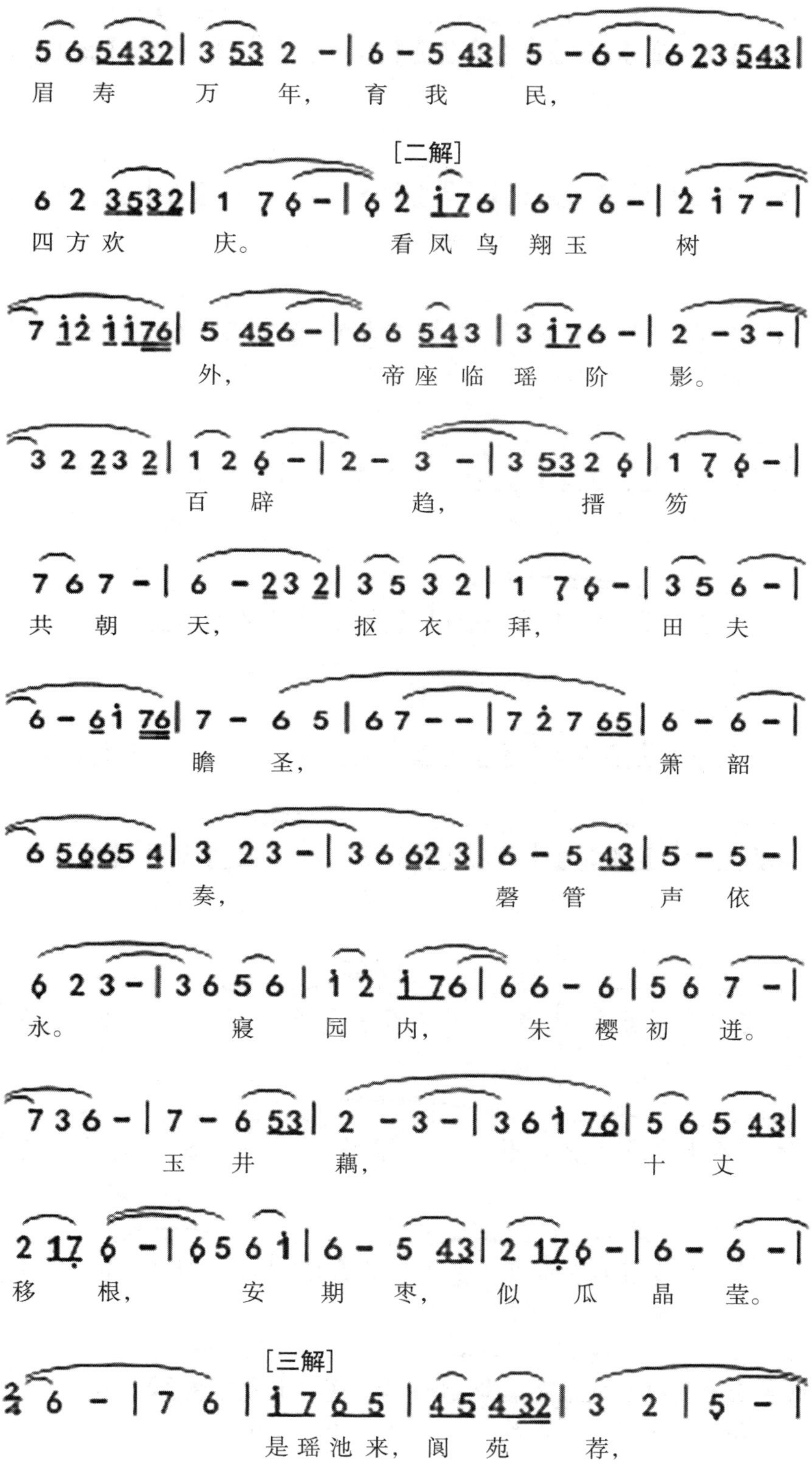

眉 寿 万 年，育 我 民，

[二解]

四 方 欢 庆。 看 凤 鸟 翔 玉 树

外， 帝 座 临 瑶 阶 影。

百 辟 趋， 揟 笏

共 朝 天， 抠 衣 拜， 田 夫

瞻 圣， 箫 韶

奏， 磬 管 声 依

永。 寝 园 内， 朱 樱 初 迸。

玉 井 藕， 十 丈

移 根， 安 期 枣， 似 瓜 晶 莹。

[三解]

是 瑶 池 来， 阆 苑 荐，

5̇ 1 2 | 2 1 6̣ 5̣ | 1 2 3 2 | 5 6̣ 5̣ | 3 - | 3 5 3 2 |
世间物， 如 何 并。

1 2 1 2 | 5 4 3 2 | 1 3̇ 1 | 3 1 | 1 2 1 | 2 1 6̣ 5̣ |
嵰雪甜，王 母 远 相 将， 笑留

6̣ 1 6̣ | 1 1 | 1 2 1 | 5̣ 1 2 | 5 6̣ 5̣ | 3 -
核，冰桃 还 胜。 吾 皇 念，

3 5 3 2 | 1 2 1 2 | 5 4 3 2 | 1 - | 1 2 1 | 5̣ 1 2
菽粟真 民 命， 异物捐，芳

5 4̇ 2 | 5 - | 5 6̣ 5̣ | 1̇ 7̣ 6̣ 5̣ | 4 5 4 2 | 3 -
甘俱 屏。 富方谷，在 岁 有 秋，

3 5 6̣ 5̣ | 1̇ 7̣ 6̣ 5̣ | 1̇ 7̣ 6̣ 5̣ | 4 5 4 2 | 5 - | 5 4 5 |

4 5 1 2 | 5 4 3 2 | 1 2 1 | 2 - | 2 4 5 | 4 5 4 2 |
劳 则 思， 若

[趋辞]

1 2 1 | 7̣ 6̣ 5̣ | 1 - | 5̣ 1 7̣ 6̣ | 5 - | 5 7̣ 6̣ |
时 恒 性。 辨 土 宜，

5· 4̇ | 2 5 4 2 | 5 - | 2 5 5 | 5 6̣ | 5 6 5 4 |
颂 月 令。 遍

2 5 | 4 5 4 2 | 1 2 1 | 7̣ 6̣ 5̣ | 6̣ 1 | 1 2 1 |
紫陌，野 人 望 杏。 玉

6̣ 2̣ 1 6̣ | 1 5·4̇ | 2 5 6̣ | 5 4̇ 3 | 2 5 4 3 2 | 5 - ‖
盘待赐， 红 重 上 苑 樱。

## 进酒　云和迭奏之章

1=C 4/4

[一解]

2 3 - 2̲1̲ | 6 5̲6̲1̲6̲5̲ | 6̲2̲3 3̲2̲1̲2̲ | 3 - 3̲5̲6̲5̲ | 6̲5̲ 3 3̲2̲1̲2̲ |

云 和 迭 奏，　听 仓 庚 载 鸣，

3 - 2̲3̲2̲1̲ | 1̲6̲1̲2̲ 1̲6̲ | 1 1̲2̲3̲2̲1̲ | 1 1̲2̲1̲6̲1̲ | 2 3̲2̲1̲2̲1̲6̲ |

　　玉 壶 清 漏。　万 井

2 1̲6̲6̲5̲3̲ | 5 4̲5̲6̲ - | 6 5̲6̲6̲1̲6̲ 6 5̲6̲1̲6̲5̲ | 3· 2̲1̲2̲3̲ |

欢 娱，　桑 柘 阴 浓

3 5̲6̲6̲1̲6̲5̲ | 6 5̲4̲3̲2̲ 3 | 6 6̲1̲2̲1̲6̲5̲ | 3 5̲6̲6̲1̲6̲5̲ |

绿 树 稠。　红 墙 外， 柳

3 - 2̲3̲2̲1̲ | 1 1̲2̲2̲3̲2̲ | 1· 6̲1̲3̲3̲2̲ | 1· 6̲ 1̲3̲2̲1̲ | 3 2 2̲3̲2̲1̲ |

丝 微 绿 鸦 黄 瘦，　更 桃 李

2̲3̲2̲1̲1̲6̲5̲ | 6̲5̲ 3· 2̲1̲2̲ | 3 - 6̲5̲ | 3 - 2̲1̲ | 3 - 2̲1̲ |

暄 妍 晴 昼，　圣 天 子 劳 民 劝

6 - 1̲2̲ | 3 - 2̲1̲ | 6 - - 5̲ | 6 1̲6̲5̲ | 3 5̲6̲6̲1̲6̲5̲ |

相，　今 日　　青 辕 黛

[二解]

3 - 2̲3̲2̲1̲ | 1 1̲2̲2̲3̲2̲ | 1 1̲6̲1̲3̲2̲ | 1 5̲6̲1̲2̲1̲6̲ 5̲ 4̲5̲6̲5̲4̲3̲ |

耜，　芳 睦 如 绣。霞 觞

5̲6̲ 1 1̲2̲1̲6̲ | 1 5̲6̲1̲2̲1̲6̲ | 5 4̲5̲6̲5̲4̲3̲ | 5̲6̲ 1· 2̲1̲6̲ |

献 寿，　愿 吾 皇 万 年，

1 1̲6̲1̲3̲2̲1̲ | 2 1̲2̲5̲4̲3̲ | 3 5· 4̲3̲2̲ | 1̲7̲6̲1̲ - | 1̲1̲7̲1̲2̲1̲ |

与　　天 齐 者，　　玉

2 1 2 — | 2 — 6̣1 | 2 — 6̣121 | 2 — 3532 | 1 — 2161 |
斝　　尊罍，　　柏　叶

5435 — | 5565 | 323 — | 3565 | 6 — 16 | 1242 |
芳　　馨　　绿蚁　浮，彤墀　下，

1 — 2161 | 5435 — | 5565 | 3232 | 3 — 32 | 3532 |
绯　衣　　玉带　　兼青　绶，更　父

1 — 7̣1 | 2 — 6̣1 | 2 — 32 | 1 — 6̣1 | 535 — | 5565 |
老抠趋在　后。共庆祝皇图巩固，从

323 — | 3565 | 6 — 16 | 1242 | 1 — 6̣1 | 535 — |
此　五风十　雨，年　年　大　有：

[三解]

5̣̇ 5232 | 1 — | 1171 | 2 2 | 2121 | 1543 | 5 76̣ |
皇心在宥，　念　春风　始　和，　　不

1 7̣1 | 2 42 | 1 1 | 1535 | 6 — | 6535 | 6 56̣ |
忘耕耨。妇子盈　宁，宵旴　仍　怀饥

16 1 | 6 12 | 3532 | 3 — | 3232 | 3 5̣ | 6̣ 1 |
渴　忧。深宫内，　心　斋

1232 | 3 53 | 5 65 | 4543 | 2 21 | 5616 | 1 — | 1242 |
常 屏瑶 池 酒，喜天 耤既栽黄 茂：　坐广

1 — | 1171 | 2 — | 2121 | 1543 | 5 76̣ | 1 7̣1 |
厦，　与　民　同乐，　但　见遐

[趋辞]

2 42 | 1 — | 1535 | 6 — | 6535 | 6 56̣ | 16 5̣ |
阡迹陌，黄童白　叟，芳旨

6 12 | 3432 | 3 - | 3232 | 3 5 | 61 | 1232 |
陈，金　石　　奏。　　进　　九酳，在　廷　拜

3 53 | 5 65 | 4543 | 2 21 | 5616 | 1 76 | 1 - ‖
手。万　年　永　　　锡，称觥乐有　秋。

## 进馔　风和日丽之章

1=G 4/4

[一解]

7 - 765 - 5435 | 1235 6 | 765· 654 | 5 45 - |
风　和　日　丽，　　时　鸟　初　　　唤，

5 6· 545 | 4543 2 - | 27· 6567 | 2 - 1654 |
春　晴　卓　午。　　清　明　外，　一犁春雨：

2545 6543 | 2 - 65 | 5·62 4 32 | 562· 432 |
玉砌　旁，　万　年　芳树。　共庆天田

2 - 76 | 5 - 6165 | 45432 - | 24· 542 | 1 712 - |
成　礼　后，圣　主　一　游　一　　豫：

12 - 56 | 2321 7 6 | 5 235 - | 6 2165 - | 52· 432 |
看　零雨桑　田，　疏疏秧　马，　　阗阗

[二解]

56 543 | 3 2 32 - | 45 4 32 | 5 - - - | 51 - 72 |
村　　鼓。　云开宝　殿，　玉案

7 754 | 345 - | 51 - 72 | 732 17 | 5 67 - |
初　进，　　　金　盘　齐　　举。

72· 432 | 5 - - - | 5732 | 6 - 5 - | 525 53 |
兰英　末，　盈盈翠　醑。　蓬池胲，

17

$\overline{2}$ 3 2 - | 5 $\underline{4}\underline{3}\underline{5}$ 6 | 1 2 1 $\underline{7}\dot{\underline{6}}$ | 2 3 5 - | 5 2· $\underline{4}\underline{3}\underline{2}$ |

纷 纷 细 缕。 玉 粒

5 6 5 - | 7 - 7 2 | 6 - 5 - | $\underline{5}\underline{7}$ 2 - $\underline{3}\underline{2}$ | 5 $\underline{4}\underline{3}\underline{5}$ - |

长 腰 云 子 饭, 来 自 神 仓

1 2 1 $\underline{7}\dot{\underline{6}}$ | 5 - - - | 5 - 6 - | 5 - 6 - | 6 6 5 6 |

天 庾。 正 乐 奏 成 英,

1 2· $\underline{1}\underline{7}\dot{\underline{6}}$ | 2 - $\underline{2}\underline{5}$ $\underline{3}\underline{2}$ | 3 $\underline{2}\underline{3}\underline{2}\underline{1}\dot{\underline{7}}\underline{6}$ | 5 6 7 - |

春 旗 簇 仗, 涂 歌 巷 舞。

[三解]

$\frac{2}{4}$ $\overline{7}$ 5 | 5 $\underline{7}\underline{6}$ | 5 6 5 | 2 $\underline{7}\underline{6}$ | 5 - | $\underline{5}\underline{3}\underline{2}\underline{1}$ $\underline{2}\underline{3}$ |

吾 皇 廑 念, 四 海

5 6 5 | $\underline{6}\underline{5}$ $\underline{4}\underline{3}\underline{5}$ | $\underline{7}\dot{\underline{6}}$ 2 | $\underline{7}\underline{3}\underline{2}\underline{1}\underline{7}$ | 5 $\underline{6}\underline{7}$ | $\underline{7}\underline{5}$ $\underline{5}\underline{7}\underline{7}\underline{6}$ |

黔 首, 吾 胞 吾 与。 所 无 逸,

5 6 5 | 7 2 3 | 5 6 5 | 2 3 5 | 4 3 2 | 2 1 6 5 |

九 功 六 府。绘 豳 风, 筑 场 治 囷。

$\overline{5}\underline{2}$ $\underline{3}\underline{2}$ | 7 2 | $\underline{3}\underline{2}\underline{7}\underline{3}$ | 2 $\underline{1}\underline{7}$ | 5 $\underline{6}\underline{7}$ | $\underline{6}\underline{5}$ $\underline{7}\dot{\underline{6}}$ |

一 粟 一 丝 民 力 在, 信 是 农 家 辛

5 - | $\underline{5}\underline{2}$ $\underline{3}\underline{2}$ | 7 $\underline{2}\underline{3}$ | 5 - | $\underline{4}\underline{3}\underline{2}$ | $\underline{5}\underline{3}$ $\underline{5}\underline{6}$ |

苦。 更 问 夜 求 衣, 亮 工 熙 绩,

[趋辞]

1 2 1 2 | 6 5 | 5 6 5 | $\underline{3}\underline{2}\underline{7}\underline{2}$ | $\underline{2}\underline{3}$ $\underline{2}\underline{3}$ | 5 2 |

治登三 五: 劝 九 歌, 修 六 府:饬

3 2 | 7 6 5 | 5 6 | 7· $\underline{6}\underline{5}$ | 5 2 $\underline{7}\dot{\underline{6}}$ | $\underline{4}\underline{5}$ $\underline{4}\underline{3}$ |

太 史, 顺 时 觅 土。 礼 成 乐

$2 \quad \widehat{5\ 6} \mid \widehat{7\ 6}\ 7 \mid \widehat{7\ 6}\ \underline{5\ \widehat{6\ 7}} \mid 2 \quad - \parallel$

备，  尧 厨  扇 莲      蒲

黄海涛（北京古代建筑博物馆学术委员会委员）

19

# 坛庙礼乐导论

中华传统文化的主流是儒家文化，这在中外得到一致认可。儒家文化的核心是礼乐文化，礼乐文化是世界上最早的社会管理制度。礼乐制度，规范了人的行为，凝聚了民族的精神，创造了灿烂的古文明。这是中华民族在大多数时间领先世界的根本原因，也是中华文化从未中断的根本原因。

明代宫廷礼乐盛况

## 一、坛庙礼乐之源远流长

传说黄帝命乐官伶伦首制音乐，舜帝命乐官夔首制乐舞，其后中华礼乐逐步形成、完善。礼乐文化始于周公，他继承和总结夏商礼乐，以民众治国为重心，制定了系统的礼乐制度。

关于周公礼乐文化的实质，《礼记·乐记》说："乐者，天地之和也；礼者，天地之序也。故百物皆化，群物皆别，四海之内，合敬同爱矣。"意思是：乐、礼的实质是要求人与人、人与自然之间讲和谐、讲秩序。有了和谐，有了秩序，人与人才能互敬互爱，人与自然才能和谐相处。

远古乐器——磬

## （一）至高无上的"礼"

"礼"字本是祭祀鬼神的仪式，后引申为社会的一切礼仪。东汉许慎《说文解字》对礼的解释是："礼，……所以事神致福也。""礼"字的"示"旁，与祭祀相关。其实"示"旁是后加的，本字是象形字，礼器"豆"中摆放着作为祭品的两串玉器。《尚书·盘庚》中的"具乃贝玉"，是献给神灵的祭品。礼在中国传统文化中具有核心的意义。《礼记·曲礼》说："夫礼者，所以定亲疏，决嫌疑，别同异，明是非。"《礼记·乐记》说："礼节民心"；"礼者天地之序也"；"中正无邪，礼之质也，庄重恭顺，礼之制也，过制则乱，胜质则伪。"所以，礼是中国古代社会生活的规范、制度和思想观念。

周公

## （二）中正典雅的"乐"

"乐"字最初读 yuè，本义为乐器，是一个象形字。在甲骨文中，其字形很像"弦附木上"，看上去像古代的琴。如《史记》中记载："太师抱乐。"到了金文，字形中间出现一个"白"字，很像是一件调弦器物，小篆字形则是由金文直接演变而来。

"乐"字后引申为"音乐"，即具有节奏和旋律、通过吟唱和演奏来反应现实生活、表达思想感情的音声艺术。如《易经》中记载"先王以作乐崇德"。"乐"字后来因为用乐器弹奏出的音乐能使人快乐，又引申为"快乐""喜悦"的意义，读音变为 lè。这一含义沿用至今，如"知足常乐"。"乐"字在中国传统文化中的独特含义是指人的心声、思想感情。《礼记·乐记》中说"禽兽知声而不知音"。"音"能提升人的道德，有益于身心健康，就成为"乐"，"德音为之乐"，即"礼乐"之"乐"。

不学礼，无以立。

——孔子

人无礼则不生，事无礼则不成，国无礼则不宁。

——荀子

**礼乐的重要性**

# 二、礼乐之器的"五音"和"八音"

## （一）雅乐之"雅"

雅乐来源于一种称为"雅"的乐器。"雅"是古代的一种镶嵌有象牙的竹制乐器。雅，也来源于商周玄鸟的崇拜。"天命玄鸟，降而生商。"华盛顿亚洲艺术博物馆收藏的一件商代青铜鸟尊，可做佐证。周人也有敬拜乌鸦的习俗。西周早期大鸟尊，明显是乌鸦造型，有三足。

## （二）雅乐和"五音"

"五音"即"宫、商、角、徵、羽"。大致相当于现代音乐简谱的1(do)、2(re)、3(mi)、5(sol)、6(la)。中和韶乐之颂歌均采用五音，歌唱音色古朴典雅。雅乐的乐曲是用"工尺谱"来记谱，只有 5 个音，音节简单。

（三）雅乐和"八音"

早在3000多年前，中国就产生了"八音"。根据制作材料，分为金、石、丝、竹、匏、土、革、木等八种乐器。"金"如"钟、铙、铎"；"石"如"磬"；"丝"如"琴、瑟、筝、筑"；"竹"如"箫、篪、笛"；"匏"如"竽、笙"；"土"如"埙"；"革"如"建鼓、搏拊、节鼓"；"木"如"柷、敔"等。清代中和韶乐还采用了镈钟、特磬等乐器，使用麾作为乐队指挥器。

中和韶乐的显著特点是融礼、乐、歌、舞为一体。八佾是古代天子用的一种最高级别的乐舞排列方式，排列成行，纵横都是八人。舞蹈分"文""武"两种。文德之舞，舞生手持羽和籥，武功之舞，舞生手持干和戚，交替上演。

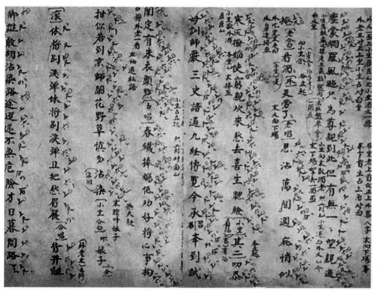

工尺谱

# 三、中华礼乐之历史传承

## （一）从孔子说起礼乐文化传承

讲中华礼乐文化，首先从一位家喻户晓、中外驰名的文化名人说起。他，就是孔子。孔子有执着、愤怒、陶醉三个故事。

第一个故事：子入太庙每事问——孔子执着的故事。

原文：子入太庙，每事问。或曰："孰谓鄹人之子知礼乎？入太庙，每事问。"子闻之，曰："是礼也。"（《论语·八佾》）

太庙里面陈列着许多文物古器，有许多历史悠久的典章制度。祭祀仪式与仪程不仅有一定的规范，更不能容许外人轻易摆放。一退一进之间，皆有仪程规范，不容轻易为之。孔子进太庙后，就下工夫认真地进行考察，对每一件不明白的事，都向别人请教。从庙里陈列的件件文物古器到举行仪式时伴奏的音乐，样样都要找人问个究竟。活动结束后，他还拉住别人的衣袖，继续问一些自己不明白的问题。

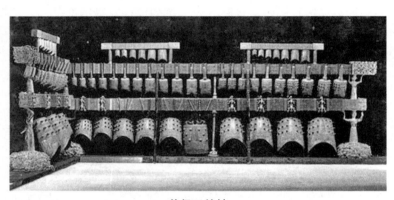

曾侯乙编钟

孔子为什么要"每事问"？说明孔子为人谦逊的品质。其实是充分地表明了孔子对复兴周朝礼乐文化理想的执着追求。

第二个故事：是可忍，孰不可忍——孔子愤怒的故事。

《论语·八佾》开始就说：孔子谓季氏，"八佾舞于庭，是可忍，孰不可忍！"表达了孔子的反对态度。季孙氏在其家庙之庭作八佾之舞，是以大夫而僭用天子之礼。佾，舞列，纵横都是八人，共六十四人。八佾就是八人一列成八列，依次类推。公侯只能用六佾，大夫用四佾，士人就只能用二佾。季孙氏是诸侯，不是天子，"八佾舞于庭"，公然破坏礼乐制度。孔子的愤怒谴责，亦充分地表明了孔子对复兴周朝礼乐文化理想的执着追求。

第三个故事。闻韶乐三月不知肉味——孔子陶醉的故事。

公元前 500 多年，鲁国发生内乱，孔子来到齐国，观赏了韶乐的演奏，被高超的演奏、美妙的音乐所感染，连声称赞："尽美矣，又尽善矣！"陶醉得竟然三月不知肉味。

孔子闻韶处壁画

　　孔子的三个故事，说明礼乐文化对中华民族生存与发展的重要性。说明中华礼乐文化顽强的历史传承性。历史虽然没有按照孔子的理想恢复周代的社会，但是却一直延续着礼乐的精神和制度，从"周公制作礼乐"之后，历朝历代，朝廷都坚守、传承着礼乐文化，少数民族也逐步融入华夏文化。从北魏开始，辽、金、元，乃至清代，都采用"汉制"，主动融入礼乐文化。总之，中华礼乐文化随着时代的前进而演化，在中华民族五千年的历史长河中，发挥着无可替代的推动作用。

## （二）明清两代礼乐文化的继承和发展

　　清代的中和韶乐所使用的乐器，几乎完全承袭明代，按照制造乐器的材料可分为金、石、丝、竹、土、木、匏、革八类，称八音乐器，其演奏的音乐因此又被称为八音。中和韶乐乐器共有十六种，分别是：金类乐器镈钟、编钟；石类乐器特磬、编磬；丝类乐器琴、瑟；竹类乐器笛、篪、箫、排箫；土类乐器埙；木类乐器柷、敔；匏类乐器笙；革类乐器建鼓、搏拊。每种乐器，在朝会中使用一至八件不等；在重要祭祀（包括大祀和中祀）中，依等级的不同亦各有多有少，但种类都是一样的。乐生使用音调平稳、平和的乐器如笛、笙、埙、琴、瑟等演奏主旋律，声调婉转圆润、平缓舒畅；使用音色鲜明的乐器如钟、磬、建鼓、搏拊等来伴奏，使得整体演奏效果隆重、平稳。采用这种配器方式，既充分发挥了八音乐器的音响特点，又不致使某种乐器的音色过于突出，远远地听起来，八音和谐、中正平和，充分体现了古人"齐庄中正，足以有敬"的敬神理念。清代的中和韶乐，不仅名称沿用明朝旧制，乐器也采用明制。所不同的是，在明代及清初期的中和韶乐乐队中不设镈钟、特磬，其余个别乐器在乐器形制和名称上略有差异。

我们今天看到的中和韶乐演奏规模形成于乾隆年间，但乐队中所使用到的十六种乐器，早在先秦时期就已出现。在汉代马融的《长笛赋》中有这样的叙述："昔庖羲作琴，神农造瑟。女娲制簧，暴辛为埙。倕之和钟，叔之离磬。"短短25个字，明确地告诉了我们八音乐器中金、石、丝、土、匏五类六种乐器的发明者。而八音乐器中的其余三类——竹、革、木类乐器的发明者同样可以在古籍中找到相应的记载。《风俗通》中所谓"舜作箫，其形参差，以像凤翼"，以及《尚书·益稷》中的"舜作竹箫，箫韶九成，凤凰来仪"，均说明竹类乐器箫是舜发明的。至于革类乐器鼓的发明者有两种说法，一说是"制自黄帝，《帝王世纪》曰：黄帝杀夔，以其皮为鼓，而声闻百里"；一说是"始于少昊，《通礼义纂》曰：建鼓，大鼓也，少昊氏作焉，为众鼓之节"。尽管这些记载多有传说的成分，但通过近代考古出土文物的证实，中和韶乐所使用的八音乐器至少已有三四千年的历史。

制礼作乐

# 四、中华礼乐乐器之雅赏

金类乐器是指金属乐器，主要有钟、镛、钲、铙、铎等，大多由铜或铜锡混合制成。在古代的金属乐器中，种类繁多，其中最主要的是钟类乐器。而钹，锣等也是金属乐器，它们的共同特性是声音洪亮，音质清脆，音色柔和，足以代表中国乐器金石之声。如"钟"，有的只有一个孤零零地悬挂在那儿，叫"特钟"；有的成群结队，排着座次，叫"编钟"。编钟敲起来声音各不相同，有高低变化。

清乾隆金编钟

石类乐器是指用石或玉制成的乐器，品种有磬、鸣球，主要是磬。磬是从石器发展而来，以坚硬的大理石或玉石制成，石质越坚硬，声音就越铿锵洪亮。"磬"也和钟一样，分为"特"字号和"编"字号，可分为特磬，编磬等。编磬是由十六枚形式大小不同或厚薄不同的石块编悬而成。在3200多年前的商代，磬已有了广泛的制作和运用，并发展到用玉石制造，以后又有了编磬问世，可以敲击出优美的旋律。

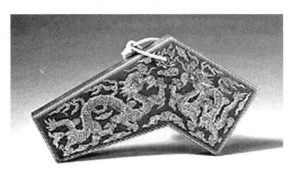

清代编磬

革类乐器。革是指以野兽皮革制成的乐器，品种有鼓、建鼓、鼗、搏拊等。鼓是我国出现年代最早的乐器，作用很多，平时可当乐器，以配合舞蹈节拍，在战时可激励士气。它不仅可以大壮军威、驱逐猛兽，还可以用于报时和报警。鼓的种类很多，"建鼓"是雅乐的重要乐器。

在祭祀和乐舞中，鼓也有广泛的使用，古人常把鼓的演奏作为一项最隆重的礼仪。因此，鼓成为历代雅乐中形制种类最多的乐器。

清代建鼓

木类乐器。木是指木类制成的乐器。最初有木：柷（zhù）、敔（yǔ）、拍板等，后来有木鱼、梆子等。柷是一种祭祀用的启奏乐器，而敔是一种停止音乐的乐器，形状像个方斗，上宽下窄，边上有个洞，把一支柄槌放进去敲击发声。柷和敔是历代雅乐的专有乐器，柷用于起乐，敔用于止乐。

清代柷

竹类乐器。竹是指竹类制成的乐器，主要有箫、笛，管、篪（chí，用竹管制成有八孔像笛子的乐器）。直吹为箫，横吹为笛，二者虽然都是竹子做成的乐器，但性质和音色各有巧妙不同。关键在于笛有膜，出音特别嘹亮，而箫无膜孔，音色柔和。在竹制的古乐器中，最重要的是排箫，能起到发标准音的功用。

**清代排箫**

土类乐器。中国八音中的土类乐器，主要的只有两种，一个是埙，另一个是缶。埙的历史悠久，目前发现最为古老的埙距今已有7000余年，最初只有一个吹口，有音孔，而后慢慢增加演变为八孔埙、十孔埙和半音埙。埙的音色柔美，音质圆润，是雅乐的主要乐器之一。缶的形状很像一个小缸或火钵，本是用来装酒的瓦器，不在雅乐的乐器之列。

**周代陶埙**

匏类乐器。有一种葫芦叫匏瓜，古人用干老的匏瓜制成乐器，就是匏类乐器。品种包括笙和竽等簧片乐器。笙是和声乐器，而竽的形状很像笙，比笙大一点，管也比笙多。滥竽充数的成语故事说明早在数千年前就已经普遍流行。笙的起源相当久远，古代文献中有"随作笙"和女娲氏作笙的传说，甲骨文中的"和"字（龢），即吹笙的象形字。目前所知年代最早的实物是湖北随县曾侯乙墓出土的六件匏制笙。

清代笙

　　丝弦乐器。丝指的是用蚕丝制成弦，再制作成乐器，主要品种有琴、瑟、筑等。在商周以前，丝弦乐器只有琴和瑟两种，秦汉以后才有筝、箜篌、阮咸、秦琴、三弦、琵琶、胡琴等。如"琴"，它在中国的乐器里最富于代表性。它的身价颇高，象征着君王和隐士。古代演奏时，有的一人弹，一人听，如俞伯牙和钟子期的故事广泛流传。古琴是世界上最古老的乐器之一，有虞舜作五弦之琴的传说。到了周朝"文武二王，各增一弦"，至此，五弦琴成为七弦琴的形制。而古琴文化历史，实与中国传统文化息息相关。最早的有"黄帝鼓清角之琴，以合大地鬼神"、箕子"隐而鼓琴自悲"，当时称为鼓琴。而筝也是一种极富表现力的乐器，发音轻柔、典雅、华丽而委婉。大筝发音柔和、雅致；小筝发音清脆明亮。

清代瑟

## 五、中华礼乐文化的现代价值

　　历史是不断前进的，文化也是不断演进的。中华礼乐文化既然是中华文化的核心，传承是必然的，关键是如何传承？尤其是在科技已经高度发展的现代社会如何传承？这是我们不容回避的问题。

　　我的思考和回答：一是摆脱西方中心论和民族虚无主义，重新认识、评价中华礼乐文化的历史价值、世界价值。二是寻找现代传承的对接管道和传承方法。

传承有几个层面，一是核心精神传承；二是仪式非遗传承；三是融入现代社会，转化为现代民众知行。即：让传统文化弃其糟粕，取其精华，在现代社会"活起来"。

实现的目标是：永葆中华文化特色，为现在和未来发挥巨大的历史推动作用，实现伟大的文化复兴。让中华民族，千秋万代、繁荣昌盛，为构建人类命运共同体做出独特的杰出贡献。

## （一）追根寻源，熔铸文化之魂

文化遗产是一种民族文化传承的血脉，这个血脉不能中断。文化遗产是我们和遥远的祖先沟通的唯一渠道，是文化发展的源泉。中和韶乐是中国纯正典雅的艺术瑰宝，中华礼乐文化的重要内容。保护、重构中国传统文化，使传统文化深入民心，共同的文化归属形成强大的民族凝聚力。

## （二）礼仪教化，共创和谐社会

人人知书达礼，行为的规范，秩序井然，善而不恶，促进社会和谐。保护环境而不破坏自然，人与自然的和谐，为社会和谐、民族凝聚和国家长治久安发挥无可替代的作用。

天坛神乐署雅乐在法国演出

## （三）传承创新，开创长治久安

创造创新引领时代的新文化，提高文化软实力，永葆中华文化的本色，建设中华美好的精神家园，为中华民族子孙万代长治久安、实现中国梦奠定深厚坚实的基础。

### （四）改革创新，服务国家礼仪

中和韶乐是我国传统音乐中最具庄重、典雅、平和风格的音乐，充分表现了中国传统音乐的刚健、庄严之美。对中和韶乐的挖掘、研究、改创及取其精华，使其为今日之中国的礼仪庆典服务，能够提升了国家文化品位和吸引力，并形成特色鲜明的国际文化旅游品牌。

### （五）走向世界，促进世界和平

中国古代舜帝曾有演奏韶乐来化干戈为玉帛的佳话，今日亦可通过乐舞促和平。在一定的条件下，让中华礼乐文化走向世界，融合于世界，用文化的力量维护和平共处，在世界多元文化背景下，开创建设人类普遍伦理的可能性和现实性。多彩、平等、包容、互鉴，实现文化融合。这必将有益于逐步阻止地区冲突和局部战争的发生，赢得长久的世界和平。人类在不同民族、不同种族之间，不同文化背景、不同政治制度之间的相互拥抱，创造出新的文明，构建人类命运共同体，打造共同的精神家园，让地球永远平安，创造人类共同的"和平""发展"的美好愿境。

贾福林（北京古代建筑博物馆学术委员会委员）

# 药皇：作为医药之神的炎帝神农氏

　　本来，先秦时期神农氏神话的缘起，就是建立在对药食同源这一中国古代医药学朴素原理认识基础之上的升华。先民在漫长的自然探索过程中，除了观察植物的可食性并加以人工培育，逐渐优选出稳产、较为高产的粮食作物，还在尝试各种植物可食性的同时，发现了植物的药用性。其中，与人们生活密切相关的渔猎收获，对并不擅长畜牧农业的华夏民族来说，是重要的动物蛋白营养来源。动物身体特有的腥、膻等气味，虽然加以火烤可以做成熟食，但人们不免仍然疾病连连、生活困苦。植物药用性的发现，逐渐给人们带来祛除病痛的方法，保障了仍然处于劣势生存状态下的先民能够活下去。这一属于华夏先民集体功绩的历史过程，被认为是神话中的神农氏所为，号称"握赭鞭、识百草"，从中分出食物与药物，将作物的种子和耕种方法传授百姓，又将辨识草药的方法一一加以汇总，形成药典和口诀，传授百姓应用。"药食同源"的理念，自然使神农氏成为农业与医药业的共同先祖、行业先人。也就是因为神农氏的这一贡献，后世人们推崇其为先医之神，医药行业尊其为医药祖师，简称药祖。

## 一、传说中的医药成就及影响

**咏草**

天涯随意绿匆匆，只与牛羊践踏空。

挽着便堪供药味，谁令汝不遇神农。

——《全宋诗》

采药的炎帝神农像（宋代）

　　一神多能，这在世界古代神话中不乏事例，比如古希腊、罗马神话中的女神维纳斯（阿芙洛狄忒），既是美神，也是爱情之神，更是隐意的生育之神（尤其在古罗马神话中）。中国古代是多神崇拜的国度，早期神祇崇拜的特征是神祇数目少、功能相对专一。从春秋战国时起，随着社会生产力的快速发展，社会原有的组织结构不断被世人试图突破，以营造新的社会结构来体现对社会生产力发展的适应性。在敬古、崇古的传统下，神农氏的传说应运而生，其政治针对性明显是针对社会变革所需。"神祇由人所造、服务于时代"，这个今天看来并不深奥的理解，其实在距今2500多年前的春秋战国这个大变革时期，也已然为有识之士所看到、所理解。因此，假托、附会在这个人造神祇之身的系列政治理念，可说是应有尽有。设想一个上古的美好社会，假定其中曾经存在过一系列激励后人的政治伟业，可以使当代试图有所作为的人士把自己的想法、思路附和在其实谁也不曾见到过的那个时代，成为所谓先贤的今日布道者。这样操作的政治成本、政治风险无疑大大减低。

　　春秋战国时期，之所以假说并起、思想云集，中华民族出现少有的精神领域火花四射、激情迸发的状态，这当然是对沿袭许久的社会政治架构超级稳定运行之后的反制。人们要民生，当然期望社会稳定下的安逸，但安逸是建立在衣食无忧的物质前提下方可成为可能的，否则，至多是白日做梦。因此，为了安康，人们生产、创造财富，从而使

神农尝药图（清道光十八年《炎陵志》）

神农尝百草（《农书》）

仓廪丰实。这样实现创造财富的过程，必然将要伴随人们对生产工具的改良，使之能够为人们实现农耕经济中的衣食丰足这一安康之梦提供真实的帮助。工具的改善虽然提高了生产力，但社会结构的变化具有滞后性，它不仅不一定与人们的愿望并行，甚至还会阻挠，因为人们愿望的达成一定会动摇所谓稳定的社会结构。这也就是社会理论往往落后于社会实践的原因。所以为了推进愿望的实现，需要从历史上找到充足的依据。作为农耕农业大国，农业的发展与否，一丝一毫地触动着国家的政治命脉，首先从农业上产生变革，不仅是必须，也是关键。神农氏尝百草、辨五谷，授民以耕作之法、疗病之药，进而建立礼仪教化，带来和谐的社会经济交往秩序。神农氏的作为，正是春秋战国时期思想家们政治抱负的基础。

神农亲尝药草疗民疾（《陶唐有冀图》）

作为药祖的神农氏，他的贡献集中在辨百草。关于如何辨百草，主流的传说是口尝，以识药性，有日遇七十余毒之说，早期的描述如：

《竹书纪年》：（神农）辨水泉甘苦，味尝草木。

《淮南子·修务训》：（神农）尝百草之滋味，一日而遇七十毒。

《金匮》：神农能尝百草，则炎帝也。

《越绝书·越绝外传记地传》：神农尝百草、水土甘苦。

皇甫谧《针灸甲乙经》：神农始尝百草而知百药。

神农像（《天宝本草》）　　　　　　神农像（《珍珠囊药性赋》）

晚期诸如《通志·三皇纪》中"民有疾病，未知药石。（神农）乃味草木之滋，察寒暑之性，而知君臣佐使之义，皆口尝而身试之，一日之间而遇七十毒"；《资治通鉴外纪·神农氏》中"（神农）又尝百草酸咸之味，察水泉之甘苦，令民之所避就。当此之时，一日而遇七十毒"，不过是不断丰富语汇描述和形象的神话夸张。

另一种广为人知的神农氏手握赭鞭抽打百草而识其性之说，如：

《桐君录》：神农氏乃做赭鞭、钩锸，从六阴阳与太一，升五岳、四渎土地所生，草木石骨肉虫皮毛，万种千类皆鞭问之。

《搜神记》：神农以赭鞭鞭百草，尽知其平毒寒温之性、臭味所主。

《史记索隐·三皇本纪》：（神农）以赭鞭鞭百草，始尝百草，始有医药。

附会在神农氏这个神话人物身上的药祖功德，与辨识五谷的农业先祖功德等同。只不过神话的理念虽然美好，但因实在是无人所经历，在宣扬这位圣人曾经的理念功德同时，现实的社会实践成就成为体现圣人神迹的绝好说辞。因此，各类农业、医药著作被争先恐后地附会为神农氏所作，至于这位神农氏距离仓颉造字有多久、掌握了多少文字可以记录复杂的知识这类属于西方人认知世界的逻辑学概念，在我们民族中几乎无人回答，认为神迹属于圣人是天经地义。随着这种思维，以后的岁月中出现的系列药学之作，不少冠以神农字样，其中最为著名的是《神农本草经》。

《神农本草经》之名首见于《隋书·经籍》。该书是中国已知最早的中药药典，辑录了 365 种药物，全书分序论一卷、分论三卷，分论中的每卷分别包含上品药 120 种、中品药 120 种、下品药 125 种，书中对每味中药的药性、药味、功效、主治病征、药物的野外生存环境等，都做出必要的说明。推测成书年代应不晚于战国晚期。该书在古代医药领域享有崇高荣誉，很早就为人称道，晋代名医皇甫谧曾夸赞说商代名医伊尹写的药书《汤液经》，就是引用《神农本草经》而成。在尚无文字的远古时代，当然是无法撰写出如此洋洋大典，这不过是先秦时期人们对于中药的长久经验积累，汇集无数人药学智慧的集大成之作。虽然古代不少医家坚信这就是神农氏所为，但不可否认的是，假托神农氏的这部药典巨作，成为秦汉以降中国古代重要的临床药学核心著作，指导着后世医家不断深入研究，因而此书的影响十分久远。

其他诸如《神农黄帝食禁》《神农食忌》《神农食经》《神农本草》《神农本草属物》《神农本草经注》《神农采药经》《神农本草例图》《神农五脏论》等，大多是后世之人在《神农本草经》基础上的引申、外延或者集注，为深受其影响的阐释之作。

### 分题得草果饮子

神农书本草，有美生南州。春华穗端垂，仿佛芙蓉秋。
青囊贮嘉宾，璀璨安石榴。

香味极辛烈，果中第一流。磊落入盘钉，和羹充肴修。
温中与下气，功用亦罕俦。

苞苴走四海，药笼必见收。吾老苦病喝，淡味空频投。
作饮近得此，选择知独优。

碧井况银瓶，斟酌得自由。蔗浆已觉俗，茗粥良可羞。
乃知古圣人，收拾靡不周。

日遇七十毒，纵死夫何忧。但吾赤子多，疾苦庶有瘳。
大或仁者心，当与天地侔。

——《全宋诗》

# 二、历代先医崇拜

## （一）先医崇拜的内涵

汉代，炎帝的传说与神农氏传说渐相结合，形成新的神祇——先农炎帝神农氏。新身份的产生承袭了神农氏先农神与先医神双重神格的一切内涵。只不过区别在于：祭祀先农神身份的炎帝神农氏礼仪规格要高于祭祀先医神身份的炎帝神农氏。

正像神农氏为民勇尝百草的原始神话内涵一样，作为先医之神的炎帝神农氏，他的贡献在于从药食同源入手，辨识了五谷的同时也辨别出草药，随之教导人们使用草药治病，因此他的先医内涵实质上是草药师祖、始祖，而不是运用医术为民治病的医生——虽然，在中医领域的一般原则下，中医医生也是药材专家，一定要了解各种草药的药性、药理，才能合理搭配来给病人医患提供药方。所以，民间一般并不将炎帝神农氏作为医疗专长的医生祖师来对待，而称其为药王、药祖。作为医生行业的祖师，通常崇拜扁鹊、华佗、张仲景、孙思邈、李时珍等行医疗疾之人（虽然，扁鹊是未明确时代之神医）。而炎帝神农氏的先医之神身份跟先农之神身份一道，主要成为历代统治者崇拜祭祀的对象。在实际操作中，又往往成为统治者帝祭的专享神祇，祭祀地点局限于专为皇家服务的太医院。

根据史料记载，太医院这个专门服务皇家的医疗机构出现于金代。但专门服务皇家的太医，应该早在周代即已存在。周代官制中有医师，分上士、下士，掌管医药、医疗相关政令。秦代出现太医名称，置太医令。西汉沿袭秦制，在太常、少府均置太医令，其中为百官治病的属太常寺管理，为宫廷治病的归少府管理。以后，东汉、曹魏沿袭秦汉之制；隋代、唐代，设太医署，其主管官员为太医署令；宋设医官院。金代，太医院名称正式确立，隶属于宣徽院，太医院的最高长官是太医院提点（正五品），"掌诸医药，总判院事"。其佐官有使、副使、判官等，同时，还设有各种名称的太医和医官。此外，太医院还兼医学教育工作，具有后世西洋专业医学院的教育、医疗并顾的特色。元代亦称太医院，掌管一切医药事务，官员品秩高于任何朝代，秩正二品。初时行政长官为宣差，后改为尚医监、太医院提点等，最高长官之下设院使、副使、判官等名目，隶属宣徽院。明、清两代太医院名称相沿。

明代，北京、南京各设有太医院。北京太医院为最高医药管理机关，设最高医政长官院使，下设院判。南京太医院无院使，只设院判，服从北京太医院的管辖。清代只设一个太医院，清初时连御药房也划归太医院管理。太医院院使官秩正五品，总揽医药行政及医疗大权，全国医官统一由太医院差派、考核、升降，成为全国医界最高管理机构（类如今日之卫生部门）。像其他专制时代的官制一样，医界管理随着时间的推移逐渐出现混乱现象，如礼部管生药库，内务府总管太监管御药房，削弱了太医院的功能。太医院作为全国性医政、医疗中枢机构，延续了700多年，于1911年废止。

明成祖朱棣定都北京之初，利用旧有官舍作为各衙门办事的处所，多散处城区，杂然无序，太医院也在其中。随着明正统七年（1442年）始在大明门（清称大清门）东新建官署，太医院官署也在这里修建。明嘉靖十五年（1536年），嘉靖帝在紫禁城文华殿后建圣济殿，用以祭祀先医，为群祀之礼，每年祭祀用羊、猪各一只，礼器为二铏、二簋、二簠、八笾、八豆、礼神制帛一，遣太医院正官行礼。明嘉靖二十一年（1542年），嘉靖帝又下令在太医院内创建先医庙，建景惠殿，殿内正位供奉太昊伏羲氏、左黄帝轩辕氏、右炎帝神农氏三皇，配位祭祀句芒、祝融、风后、力牧，又以28位历史上著名的医师配祭在庙内东西庑殿。祭祀时，礼部上官到正殿祭拜，太医院上官两人在东西庑殿致祭。致祭时间，定在每年春、冬季的第二个月（二月、十一月）的上旬甲日。

清代沿袭明代旧址，仍为太医院，群祀之制、祭祀陈设均未根本改动，唯局部微调。

明清太医院，大致位于今北京正义路与台基厂大街之间东交民巷西口路北。太医院设大门三座，均西向，门对面是照壁，大门悬朱红陡匾，上黑漆书"太医院"三字。大门前为门役的住房，左为"土地祠"（面向北），右为"听差处"（面向南）。署内有大堂五间，是主要的活动场所，中悬康熙帝御赐诗："神圣岂能再，调方最近情。存诚慎药性，仁术尽平生。"大堂左侧，有南厅三间，是御医办公的处所。大堂右侧是北厅。正厅后为先医庙院落，大门称棂星门，内门称咸济门，享殿称景惠殿。大殿南向，殿内正中供奉太昊伏羲氏，左炎帝神农氏，右黄帝轩辕氏塑像。殿内上悬康熙帝御书"永济群生"匾。先医庙外北向者为药王庙，庙里有铜人像。连接大堂的过厅是二堂，后面还有三堂五间。

清代北京先医庙

|  | 黄帝 | 伏羲 | 神农 |  |
|---|---|---|---|---|
| 祝融 力牧 |  |  |  | 勾芒 风后 |

明代先医庙排祭祀序图

左列（自右至左）：
贷 岚 巅 岐 伯 少 雷
叔 思 扁 张 王 葛 孙
修素胲冰 元 彦 王 朱 张 朱
邀洪和机鹊公师高伯季

右列：
鬼俞少桐马伊华巢皇淳 韦钱刘李
奥 师 元甫于慈完
区耐前君皇尹伦方滋意藏乙素呆

　　清光绪二十七年（1901年），东交民巷划为使馆区，使馆区范围内的中国衙署都必须迁走。太医院一时找不到新去处，只得暂借东安门大街御医白文寿宅第应差。不久，太医院又暂移北池子大悲观音院。清光绪二十八年（1902年），最终于地安门外皇城根、兵仗局东，另建新署，三年竣工。新太医院大门三间，随门有房，西为听差茶房，东为科房。东有土地祠一间，西有铜神庙一间。门内东西厅各五间，是御医以下医官办公的地方，正北为大堂，后院是二堂，沿用原名仍称"诚慎堂"。院内东房三间是"首领厅"，西房三间是"医学馆"，东耳房二间是"庶务处"，西耳房二间是"教习室"，北面还有诸生自修室。先医庙也随迁至此，享殿仍称景惠殿（这个太医院旧址，位于今北京地安门东大街路北，距离地安门路口 200 米）。

清代对于先医之祀具有相当的连续性，几乎贯穿清代始终，按《清实录》统计，共计有 344 次之多。

药神炎帝神农氏

清代神农画像

（二）明代嘉靖先医之祀定制

根据万历《明会典》卷九二，明嘉靖二十八年（1549 年）确定的先医之祀具体内容如下：

陈设：

殿中正坛：犊一、羊一、豕一，登二、铏二、笾豆各十、簠簋各二、爵三、酒尊一、帛一、筐一、祝案一。

东配位一坛：羊一、豕一、铏一、笾豆各十、簠簋各一、爵六、帛一、筐一。

西配位一坛：陈设同"东配位一坛"。

东庑医师十四位分设三坛：僦贷季、天师岐伯、伯高、鬼臾区、俞跗、少俞、少师、桐君、太乙雷公、马师皇、伊尹、神应王扁鹊、仓公淳于意、张机。

每坛：豕一（祈为三坛）、笾豆各六、簠簋各一、酒盏五、爵三、帛一、筐一。

西庑医师十四位：华佗、王叔和、皇甫谧、抱朴子葛洪、巢元方、真人孙思邈、药王韦慈藏、启玄子王冰、钱乙、朱肱、李杲、刘完素、张元素、朱彦修。

陈设同。

正祭：赞引对引导遣官至咸济门。赞诣盥洗所。赞搢笏洗讫。赞出笏。典仪唱执事官各司其事。赞引赞就位。典仪唱迎神。赞四拜。赞引赞升坛。导遣官至中香案前。赞跪。赞搢笏。赞上香。赞引引至东香案前。赞跪上香讫。引至西香案前。赞跪上香讫。赞出笏。赞复位。太医院堂上官于两配位香案前上香讫。典仪唱奠帛行初献礼。赞引赞升坛。引至神位前。赞搢笏。赞献帛。赞三献爵、献讫。赞出笏。赞诣读祝位。赞跪。赞读祝、读讫。赞俯伏、兴、平身。赞复位。两配位、执事自献（两庑仪同正殿）。典仪唱亚献礼、终献礼（仪同初献。惟不献帛、不读祝）。典仪唱彻馔。执事彻讫。典仪唱送神。赞引赞四拜。典仪唱读祝官捧祝、掌祭官捧帛馔、各诣燎位。赞引赞礼毕。

祝文：维 年 月 日，皇帝遣官某致祭于太昊伏羲氏、炎帝神农氏、黄帝轩辕氏，曰：仰惟圣神，继天立极，开物成务，寿世福民，尤重于医。所以赞帝生德，立法配品，惠我天民，功其博矣。时惟仲春，冬，特修常祀，尚冀默施冥化，大著神功，深资妙剂，保和朕躬，期与一世之生民，咸蠲疾疢，跻于仁寿之域，以永上帝之恩，不亦丕显矣哉。以勾芒氏之神、祝融氏之神、风后、力牧氏之神配。尚享。

### （三）清代先医之祀制度

清代，沿袭明嘉靖之制，唯强调礼神制帛用白（白纸黄缘，墨书）。顺治时祭祀，提请由礼部进行，后改太常寺提请；雍正十二年（1734）议准：太医院祭祀之前，所有官员（御医、吏目）都要斋戒、陪祀；乾隆时，要求先医之祀时，使用庆神快乐之曲，乐部和声署将礼神乐器设于景惠殿西阶下演奏。

清乾隆时期，重新考证礼器形制，规定坛用瓷质、庙用铜质。因前明粗定礼器，未考证形态，诸礼器徒有虚名，只以瓷盘瓷碗代替。乾隆帝时重新明确的先医之祀礼器，与太庙、先师庙、历代帝王庙、都城隍庙等庙祭礼器形制统一，用金属质地，只在尺寸上有异：

清代先医庙景惠殿正位陈设图（嘉庆《清会典图》）

簠：铜质，深二寸一分，盖纵四寸一分，横六寸四分，余制与太庙同。

铏：铜质，高四寸一分，深四寸，口径五寸一分，底径三寸三分，足高一寸三分，盖高二寸二分，三峰高三寸。

笾：竹质，红色，通高五寸四分，深八分，口径四寸六分，足径四寸，盖高一寸九分，顶高四分。

豆：铜质，通高五寸五分，深二寸，口径四寸九分，校围二寸，足径四寸七分，盖高二寸二分，豆顶高三分。

爵：铜质，通高四寸六分，深二寸三分，两柱高七分，三足相距各一寸五分，高二寸。

尊：景惠殿正位与方泽坛从位同，瓷质。配位铜质，色红，纵三尺九寸，横二尺八寸，通高二尺七寸，左右各铜环二，足有趺。

1911年辛亥革命，1912年春清帝退位后，清太医院废止，原址改为私立两吉女子中学。

董绍鹏（陈列保管部研究员）

# 先蚕坛建筑风格初探

中国是最早发明种桑饲蚕的国家，蚕神是中国民间信奉的司蚕桑之神，在古代男耕女织的农业社会经济结构中占有重要地位，所以无论是古代统治阶级，还是普通的劳动人民，都对蚕神有着很高的敬意。

## 一、北京先蚕坛的建筑沿革

明初，永乐帝迁都北京后，建立天地坛、山川坛、社稷坛、太庙等礼制建筑，但先蚕坛并未列入祀典。直到明嘉靖九年（1530年），都给事中夏言等人的建议"请改各官庄田为亲蚕厂公桑园。令有司种桑柘，以备宫中蚕事"。嘉靖皇帝乃敕命："天子亲耕，皇后亲蚕，以劝天下。自今岁始，朕亲祀先农，皇后亲蚕，其考古制，具仪以闻。"[1] 由此明代的先蚕坛得以筹建。

然而在先蚕坛的选址问题上，却颇费了一番周折。大学士张璁等主张在安定门外建先蚕坛。詹事霍韬以道远为由予以否定。户部官员也主张安定门外水源不足，无浴蚕之所，建议仿照唐宋时期，在皇家宫苑中，利用太液池水浴蚕缫丝。然而嘉靖皇帝崇尚周制古礼，仍坚持将先蚕坛建于安定门外，并且亲自制定了先蚕坛的制度与规模："坛方二丈六尺，叠二级，高二尺六寸，四出陛。东西北俱树桑柘，内设蚕宫令署。采桑台高一尺四寸，方十倍，三出陛。銮驾库五间。后盖织堂。坛围方八十丈"[2]，并于当年阴历四月在先蚕坛尚未建成的情况下，由皇后在安定门外举行了一次仓促的先蚕祭祀典礼。但是到了第二年就朝令夕改，又以皇后出入不便为由，命改筑先蚕坛于西苑仁寿宫附近。而安定门外的先蚕坛，则因道远不便，未完工即废弃，长期无人管理，形成积

---

① 《明史》卷四十九 1273 页，中华书局，1976 年。
② 《明史》卷四十九 1274 页，中华书局，1976 年。

水坑洼，成为今日所见之青年湖。①

最终，在西苑建成先蚕坛，并设置了一座办公机构——蚕宫署，以负责先蚕坛的日常行政事务。每年季春（农历三月）择吉日，由皇后亲临先蚕坛拜祭"蚕神"，并观桑治茧，作为一种仪式，垂范天下，教化斯民，体现了封建王朝"男务稼穑，女勤织红"的治国理念。到嘉靖三十八年（1559 年），实行不久的亲蚕典礼即被废止，直至明代灭亡，也再未实行过。

清代立国之初，承袭明制，先蚕坛并未列入祀典。圣祖康熙皇帝对蚕桑开始重视。他曾在中南海丰泽园之东设立蚕舍，植桑养蚕，浴茧缫丝，并在内府设置了 825 名匠役，设立织染局，织染自产蚕丝。雍正十三年（1735 年），河东总督王士俊奏疏请祭祀先蚕。工部右侍郎图理琛附议"立先蚕祠安定门外，岁季春吉巳，遣太常卿祀以少牢"②。然而由于这时的雍正帝已久病缠身，自顾不暇，因而请立先蚕祠的建议就此搁置。

直到乾隆七年（1742 年）七月，大学士鄂尔泰上奏折请建先蚕坛。鄂尔泰提出了建立先蚕坛的动因是要遵从"帝亲耕南郊，后亲蚕北郊"的古制"以光典礼"。这时清朝立国已近百年，国家各项统治秩序已臻完善。而先蚕典礼的缺失，显然有违乾隆朝宫闱礼仪制度的完备性。在农桑为本、男耕女织的封建时代，既然皇帝要耕耤田、祭先农，皇后作为六宫之首母仪天下，当然要起表率作用，因而建立先蚕坛的计划便提上议事日程。

同年八月初四，内务府大臣海望根据鄂尔泰的奏折，进一步提出了建坛构想。他历数了前朝各代先蚕坛的规制，据此初步拟定清代先蚕坛的建筑形制，并进行了绘图和模型（烫样）制作。

同年九月初八，海望将先蚕坛的设计方案和工程预算进呈御览。乾隆帝大为高兴，对此规划予以批准。从乾隆七年（1742 年）九月二十日动工，至乾隆八年（1743 年）九月二十七日，先蚕坛建成完工。据《奏销档》记载，先蚕坛建设共"销算银七万四千一百二十七两七钱二分二厘"③，比预算有所结余。

① 东城区志编纂委员会编：《北京市东城区志》521 页，北京出版社，2005 年。
② 柯劭忞等撰：《清史稿》卷八十三 342 页，上海古籍出版社，1986 年。
③ 中国第一历史档案馆藏：《内务府奏案》第 40 包。

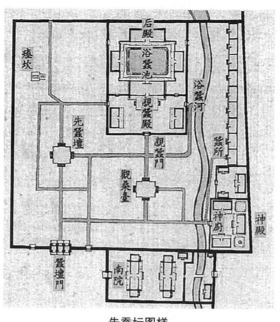

先蚕坛图样

# 二、先蚕坛的建筑风格

## （一）位置与布局

先蚕坛建于西苑东北，水源丰沛，是面积最小，且唯一有活水流入的皇家祭坛。这是按照先蚕坛浴茧缫丝、洗桑喂蚕等功能设定的。它与西苑内其他园林建筑不同之处表现在建筑规制上，据按照《大清会典》要求布局严整，区域分明。坛内殿宇、游廊、宫门、井亭、亲蚕门、墙垣皆为绿琉璃瓦屋面，寓春生桑蚕之意。将先蚕坛建于西苑之中，既方便了皇后妃嫔等亲蚕行礼，又与园林景观融为一体，将坛庙建筑的规整庄严，融于西苑景致优美的山水风光中，匠心独运，又相得益彰。先蚕坛又与丰泽园同处西苑之内，一南一北，相互呼应，构成了皇帝亲耕和皇后亲蚕的男耕女织格局，丰富和深化了园林的内涵和功能，借此昭示天下重视农业、劝课农桑。

《礼记集说》载："东南阳地，而耕为阳事，故于之以耕，北者阴地，而蚕为阴事，故于之以蚕，而南又盛阳之地，故天子耕于南郊。"[①]

---

① 《礼记集说》，卷一百十四《钦定四库全书》。

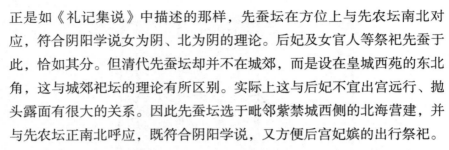

正是如《礼记集说》中描述的那样，先蚕坛在方位上与先农坛南北对应，符合阴阳学说女为阴、北为阴的理论。后妃及女官人等祭祀先蚕于此，恰如其分。但清代先蚕坛却并不在城郊，而是设在皇城西苑的东北角，这与城郊祀坛的理论有所区别。实际上这与后妃不宜出宫远行、抛头露面有很大的关系。因此先蚕坛选于毗邻紫禁城西侧的北海营建，并与先农坛正南北呼应，既符合阴阳学说，又方便后宫妃嫔的出行祭祀。

清代立国之初，承袭明制，先蚕坛并未列入祀典。直到乾隆七年（1742 年）七月，大学士鄂尔泰上奏折，请建先蚕坛："古制天子亲耕南郊，以供粢盛。后亲蚕北郊，以供祭服。我皇上亲耕耤田，以示重农至意。乾隆元年议建先蚕祠宇，所以经理农桑之道，至为周备。今又命议亲蚕典礼。伏思躬桑亲蚕，历代遵行，但北郊蚕坛，向在安定门外。前明嘉靖时，以后妃出入道远，亲莅未便，且其地水源不通，无浴蚕室，遗址久经罢废。考唐宋时后妃亲蚕多在宫苑中，明代亦改建于西苑……今逢重熙累洽、礼明乐备之时，亲蚕大典，关系农桑，自应遵旨举行，以光典礼。其应相度蚕地，建立蚕坛、蚕宫、从室之处，请交内务府会同工部等衙门办理。"①

同年八月初四，内务府大臣海望根据鄂尔泰的奏折，进一步提出了建坛构想。这个构想俨然是在详细考证历代先蚕祭祀之制的基础上提出的一个成熟的、具有可操作性的建坛规划："奴才海望谨奏，为请旨事。窃惟古制，天子亲耕以供粢盛，后亲蚕以供祭服。自昔亲蚕大典，原与亲耕之礼并重。奴才谨按历代旧制，《周礼》仲春天官内宰，诏后率内外命妇蚕于北郊。有公桑蚕室，近川而为之，筑宫仞，有三尺棘墙，而外闭之。汉制蚕于东郊。……明嘉靖九年，建先蚕坛于安定门外，准先农坛制，旁设采桑坛，仿耤田制。共别殿如南郊。斋制少减其数，即斋宫旁起蚕房，为浴蚕室。后改筑坛于西苑仁寿宫侧。坛高二尺六寸，四出陛，广六尺四寸。东为采桑坛，方一丈四尺，高二尺四寸，三出陛。台之左右树以桑。东为具服殿，殿北为蚕室，又为从室，以居蚕妇。设蚕宫署于宫左，置蚕宫令一员，丞二员，择内臣谨恪者为之。是历代建立蚕坛规制，仿于周时，至北齐而制度略备，嗣后由唐宋以至于明，虽互有增益，大概悉仿北齐之制而扩充之。奴才谨就各朝所定，详加酌量，援古制以为程，据地形而相度，拟建先蚕坛所，南向方广二丈

① 《清朝文献通考》卷一〇二。

六尺，四出陛。采桑坛所，古制原有东向，取桑生之义。今拟用东向，方广一丈四尺，三出陛。于坛之四围广植桑树。建蚕宫正殿五间，配殿六间为新蚕室，织室五间，茧馆六间，从室二十七间。外建神库九间，蚕宫署九间。至具服殿一区，创自明嘉靖年间，从前各朝采用帷幕，均未议定建殿宇，现已于图样内照明代将具服殿画就，如减盖或仿晋唐之制，酌用帷幕，谨绘成图样三张，恭呈御览，伏候圣明指定，另行放样烫胎呈览。至于高下丈尺，及应需工料，统俟逐细估计，奏请谕旨遵行，为此谨奏。"[1]

　　海望历数了前朝各代先蚕坛的规制，据此拟定出清先蚕坛的建筑形制，并进行了绘图和模型（烫样）制作。海望将先蚕坛的设计方案和工程预算呈报皇帝。乾隆帝大为高兴，对此规划予以批准。从乾隆七年（1742 年）九月二十日动工，至乾隆八年（1743 年）九月二十七日，先蚕坛建成完工。新建成的先蚕坛，选址在明嘉靖帝北海道场雷霆洪应殿旧址，垣周 160 丈（合今 512 米），占地面积 17160 平方米。《日下旧闻考》卷二八记载了先蚕坛的形制："南面稍西，正门三楹，左右门各一。入门为坛一成，方四丈，高四尺，陛四出，各十级……坛东为观桑台，台前为桑园，台后为亲蚕门，入门为亲蚕殿……宫左为蚕妇浴蚕河……先蚕神殿西向。左、右牲亭一，井亭一，北为神库，南为神厨。垣左为蚕署三间，蚕所亦西向，为屋二十有七间。"[2]

## （二）单体建筑

　　先蚕神坛位于坛门正北 50 米外，坐北朝南，是一座砖石结构的方形平台。北京的皇家祭坛分为圆形、方形两种。根据阴阳理论，天为阳为圆，因此天坛的祈谷坛、圜丘坛与朝日坛为圆形[3]。

各类皇家祭坛坛台建制对比

| 名称 | 形状 | 层数 | 坛体尺寸 | | | 台阶 |
|------|------|------|------|------|------|------|
| | | | 上层 | 中层 | 下层 | |
| 圜丘坛 | 圆 | 三 | 径九丈，高五尺七 | 径十五丈，高五尺二 | 径二十一丈，高五尺 | 四出陛，每层各九级台阶 |

[1]　中国第一历史档案馆：《奏销档》206—208 册。

[2]　于敏中等编纂：《日下旧闻考》卷二十八 391—192 页，北京古籍出版社，2001 年。

[3]　朝日坛壝墙为圆形，坛体为方。

49

| 名称 | 形状 | 层数 | 坛体尺寸 | | | 台阶 |
|------|------|------|------|------|------|------|
| | | | 上层 | 中层 | 下层 | |
| 祈谷坛 | 圆 | 三 | 径二十一丈三，高五尺五 | 径二十四丈七，高五尺五 | 径二十八丈二，高五尺五 | 八出陛，每层各九级台阶 |
| 朝日坛 | 圆方 | 一 | | | 长五丈，高五尺九 | 四出陛，各九级台阶 |
| 夕月坛 | 方 | 一 | | | 长四丈，高四尺六 | 四出陛，各六级台阶 |
| 方泽坛 | 方 | 二 | | 长六丈，高四尺二 | 长十丈六，高四尺二 | 四出陛，每层各八级台阶 |
| 社稷坛 | 方 | 三 | 长五丈，高三尺 | 长五丈二，高三尺 | 长五丈五，高三尺 | 四出陛，每层各四级台阶 |
| 先农坛 | 方 | 一 | | | 长四丈七，高四尺五 | 四出陛，各八级台阶 |
| 先蚕坛 | 方 | 一 | | | 长四丈，高四尺 | 四出陛，各十级台阶 |

通过以上表格内容可以看出，先蚕坛等属阴类的祭坛，形制皆为方形，坛体尺寸、台阶数量也均为偶数。坛台层数与祭礼的规制大小有关。祭天、祈谷、祭社稷为大祀，坛制三层；祭地次之，坛制二层，余则坛制一层。其中又以先蚕坛的坛台尺寸最小，体现了阴阳有别，男尊女卑的传统观念。

先蚕神坛东侧偏南，正对亲蚕门以南 30 米处，是观桑台，亦是一座砖石结构的方形平台。该台坐北朝南，高一尺四寸，宽一丈四尺，三面各出垂带踏跺十级，台上地面由金砖铺砌。

观桑台的建筑形式，与乾隆朝以前的先农坛观耕台的形式非常相似。先农坛观耕台始建于明嘉靖年间，当时为木结构，每年皇帝亲耕前临时搭建，用后拆除。直至清乾隆十九年（1754 年），乾隆帝因考虑观耕台每年搭建耗费银两，下旨对先农坛观耕台进行改造[①]。改造后的观耕台尺寸未变，但外观装饰发生了巨大变化，由过去一座普通的木台摇身一变为琉璃砖须弥座、汉白玉栏板的砖石巨台。而乾隆八年（1743 年）建成的先蚕坛观桑台，其建筑外观则是参照改造前先农坛

① 见《大清会典事例》（乾隆十九年）："观耕台，着改砖石制造。"

的木质观耕台仿制的。这个影像从遗存至今的《雍正帝先农坛亲祭图》中还可窥其端倪：观耕台为木质搭建，台上设靠背扶手御座宝屏，四周围以清式寻杖栏杆。这与乾隆《孝贤纯皇后亲蚕图》中的观桑台何其相似，所不同的是，观桑台台座为砖石质而非先农坛观耕台明代和清初的木质，连木质栏杆柱头的颜色都没有变化（红漆栏板、绿色柱头）。可以判断，这种农桑观礼台的建筑形式，必然存在着一定的传承关系。无论从历史年代还是建筑形式看，观桑台都介于木质与石质观耕台之间，从而显得更加珍贵。

《孝贤纯皇后亲蚕图》中的观桑台形象

从 20 世纪 20 年代留存的影像记录中，我们可以看到观桑台只余下砖石质的台座，木质栏板已然无存。至 20 世纪 50 年代初，这座文物建筑已经消失。

具服殿是为皇帝在祭祀仪式中进行更衣、休憩提供的场所。在皇家祭坛中日坛、月坛、先农坛、先蚕坛这些规模较小的祭坛，均设有具服殿。天坛、地坛规制较高，设置斋宫，而无具服殿。

先农坛具服殿建于明永乐年间，面阔五间，单檐歇山绿琉璃瓦顶，建于高 1.65 米的高台之上，前出巨大的月台，正对南侧的观耕台。建于明嘉靖年间的日坛具服殿为独立院落，正殿坐北朝南，面阔三间，单檐歇山绿琉璃瓦顶，东西两侧配殿各三间，硬山绿琉璃瓦顶。月坛具服殿院落规制与日坛相同。

先蚕坛具服殿位于先蚕坛中部正北，由两进院落构成，坐北朝南，中轴线从南向北依次为亲蚕门、具服殿、浴蚕池（已填平）、织室。具服殿和织室前两侧均有东西配殿相对而立。

具服殿为该院落第一进主殿，又称亲蚕殿或茧馆，也是先蚕坛内最大的单体建筑，为清代皇后更换祭服、稍事休憩、挑选优良蚕种（献茧）之处。建筑建于 0.57 米高的砖石基座上，面阔五间。建筑为单檐歇山顶调大脊，绿琉璃筒瓦。先蚕坛具服殿仿照先农坛具服殿样式，建于高台之上，前出月台三出陛，开间、瓦色、屋顶形式完全相同。明确了皇后亲蚕与皇帝亲耕之间的合理对位关系，使得皇家祭祀体系更加规整完备。

第二进院正殿为织室，是清代皇后举行缫丝礼和织工用先蚕坛所产蚕丝织造丝织品的场所。面阔五间，建筑为悬山顶绿琉璃筒瓦。织室前两侧有东西配殿相对而立，形制相同。建筑面阔三间，绿琉璃筒瓦。织室院落内原有浴蚕池供蚕妇洗茧缫丝之用。此浴蚕池水是什刹海水注入北海后，由地下暗沟向南引入该院的。浴蚕池及其东侧的浴蚕河南流，经画舫斋、濠濮间，出北海东墙，过西板桥、白石桥，经景山西墙、山右里门（今景山西门）桥、鸳鸯桥，汇入紫禁城筒子河。由此可见，先蚕坛的浴蚕河与前后三海、景山和紫禁城的水流融为一体，是皇城水系的重要组成部分。可见其设计精巧，匠心独运，这一点是其他皇家坛庙所不具备的。

蚕神殿院位于先蚕坛东侧，自成一座矩形院落，坐东朝西。主殿蚕神殿西向，面阔三间，硬山绿琉璃筒瓦，是平时供奉先蚕之神嫘祖西陵氏神位之处。而先农坛神厨库正殿是悬山顶五开间，削割瓦屋面，等级略低于先蚕神殿。这可能与明初先农坛神厨库建筑的建筑等级较低有关。

蚕神殿南北配殿分别为先蚕坛的神厨、神库，面阔三间，硬山调大脊，绿琉璃筒瓦屋面。北京皇家祭坛的神厨、神库多为悬山顶，只有先蚕坛的神厨、神库与众不同。

北京各祭坛神库、神厨建筑规制对比

| 祭坛名称 | 神库 | | | 神厨 | | |
|---|---|---|---|---|---|---|
| | 朝向 | 面阔 | 屋顶制式 | 朝向 | 面阔 | 屋顶制式 |
| 圜丘坛 | 坐北朝南 | 5 | 悬山，绿瓦 | 坐东朝西 | 5 | 悬山，绿瓦 |
| 祈谷坛 | 坐北朝南 | 5 | 悬山，绿瓦 | 东西2座 | 5 | 悬山，绿瓦 |
| 方泽坛 | 坐南朝北 | 5 | 悬山，绿瓦 | 坐西朝东 | 5 | 悬山，绿瓦 |
| 朝日坛 | 坐东朝西 | 3 | 悬山，绿瓦 | 坐北朝南 | 3 | 悬山，绿瓦 |
| 夕月坛 | 坐西朝东 | 3 | 悬山，绿瓦 | 坐南朝北 | 3 | 悬山，绿瓦 |
| 社稷坛 | 坐西朝东 | 5 | 悬山，黄瓦 | 坐西朝东 | 5 | 悬山，黄瓦 |
| 先农坛 | 坐东朝西 | 5 | 悬山，削割瓦 | 坐西朝东 | 5 | 悬山，削割瓦 |
| 先蚕坛 | 坐北朝南 | 3 | 硬山，绿瓦 | 坐南朝北 | 3 | 硬山，绿瓦 |

通过以上表格内容可以看出，神库、神厨为与祭坛主要建筑的瓦面颜色有所区别，多用绿色琉璃瓦。其面阔间数也依据各祭坛规制大小有所区分，或五间或三间。明代建设的神厨、神库均为悬山式顶，只有清乾隆年间的先蚕坛神厨、神库为硬山顶，也体现了先蚕坛的较低等级。

蚕神殿南北两侧有井亭、宰牲亭各一座，形制相同，为四角方亭形式。宰牲亭为祭祀前准备牺牲之所，一般紧邻神库、神厨建设。在各祭坛中，宰牲亭多为重檐歇山顶，面阔三间，绿琉璃瓦顶，如日坛、月坛的宰牲亭。先农坛的宰牲亭最为特殊，是北京唯一一处重檐悬山式屋顶。现总结北京各祭坛内宰牲亭建筑规制如下：

北京各祭坛宰牲亭建筑规制表

| 祭坛名称 | 面阔 | 屋顶制式 |
|---|---|---|
| 圜丘坛 | 3 | 重檐歇山，绿瓦 |
| 祈谷坛 | 3 | 重檐歇山，绿瓦 |
| 方泽坛 | 3 | 重檐歇山，绿瓦 |
| 朝日坛 | 3 | 重檐歇山，绿瓦 |
| 夕月坛 | 3 | 重檐歇山，绿瓦 |
| 社稷坛 | 3 | 重檐歇山，黄瓦 |
| 先农坛 | 上3下5 | 重檐悬山，削割瓦 |
| 先蚕坛 | 1 | 方形盝顶，绿瓦 |

从以上表格内容可以看出先蚕坛宰牲亭为盝顶合角吻，绿琉璃筒瓦屋面，面阔仅为一间，形制在众坛庙中等级最低，已与普通井亭无异。

（三）装修装饰

先蚕坛与同为中祀规格的日坛、月坛、先农坛的建筑风格相似，故屋脊走兽多用5个（除太岁殿用7个），建筑彩画也多用龙锦纹旋子彩画（除月坛具服殿用金凤和玺彩画），整体等级不高，规模不大。

先蚕坛门位于先蚕坛南垣偏西，为先蚕坛正门，南向，建筑面阔三间，为砖石仿木的拱券结构，歇山顶调大脊。从整体上看，原本三间的先蚕坛宫门（后期填堵只留下明间一间），在建筑形制上与天坛、先农坛的坛门相近。从建筑细节上看，先蚕坛宫门仍具有明代拱券券脸的做法特征，并不是如清代券脸那样完整的弧线，而是边线挤出边角、保留牙子的做法，但是后期修缮已被磨平。梁枋绘金线大点金旋子彩画，枋上承单昂三踩磨砖斗拱，每开间斗拱均为六攒，山面斗拱亦为六攒。檐下斗拱、额枋、椽子都是砖石所做，但初视几乎与木构无异。为了适应砖石材料的特点，其斗拱个体较小，在砖石上刻出万拱架在昂头上，出檐也较短。但从外观上看，比一般木构建筑显得更为厚重。明间辟拱券门洞，左右两侧次间亦应为拱券门洞，现已封堵。在亲蚕门东西两侧坛墙上，原辟有随墙式掖门各一间，业已封堵。清代每逢祭典入坛时，皇后走明间中央一门，公主、福晋、命妇等行于次间侧门，侍从、执事人等走左右掖门，整体配置规格严谨庄重，等级分明。

亲蚕门位于具服殿院南垣正中，为黄绿琉璃砖砌仿木结构墙垣式起脊门楼一座，过梁式方形门洞。单檐歇山调大脊，绿琉璃筒瓦。额枋为黄绿琉璃砖雕一整二破旋子彩画。枋上承单翘单昂五踩绿琉璃砖雕斗拱。门两侧立柱墙装饰中心四岔琉璃砖西番莲雕花。基础部分为汉白玉须弥座，莲瓣束腰内雕饰椀花结带图案。亲蚕门内原有一独立式木质影壁，此门在《清会典》及喜仁龙所摄历史照片中均有记录。此门精致小巧，花草图案生动艳丽，颇具女性审美趣味。

在先蚕坛南垣外侧有一座小型院落，坐西朝东，南北长28米，东西宽59米。院内东西并列有两座五开间正房，形制相同。西侧为陪祀公主福晋室，东侧为命妇室，是陪同皇后完成祭祀先蚕之神的贵族女性于祀神当日恭候皇后驾临的临时等候处。建筑面阔五间，灰筒瓦硬山卷棚顶箍头脊。西墙有随墙门一座，现已无存，门内原有木影壁一座，应与亲蚕门内的木影壁相似。根据与历史照片比对，其式样应与故宫东西六宫内木影壁形制相似，此处可与现存翊坤宫、永福宫等处的木影壁相比照，是宫苑女性建筑普遍所用。

翊坤宫内木影壁

依据 1922 年喜仁龙所摄历史照片判断，先蚕坛具服殿内原为井口天花吊顶，明间设有金凤御座、五扇屏风、须弥座围栏等供皇后更换礼服、献茧典礼的陈设用具。殿内原悬有乾隆帝御书匾额"葛覃遗意"。两侧有对联曰："视履六宫基化本；授衣万国佐皇猷。"《孝贤纯皇后亲蚕图卷》曾藏于此殿。这种具服殿正中设置屏风、宝座、匾额、对联的陈设装修，在日坛、月坛、先农坛等祭坛中同样存在，可惜现在均已消失，只能通过历史影像去参考比照了。

日坛与先蚕坛具服殿内宝座屏风的历史照片对比

# 三、小结

　　先蚕坛建制有着悠久文化渊源和清晰历史传承，从规划定位、朝向、祀主、建筑功能、装修装饰等方方面面，无一不渗透着中国传统政治哲学的深厚底蕴，亦是封建王朝重农务本思想在"形而上"的理论表达。

　　而北京先蚕坛就是这样一座蕴含着千年积淀，代表着乾隆盛世的礼乐华章。从《周礼》发源，到嘉靖定制、乾隆建成，北京先蚕坛就是皇家亲蚕文化的最后结晶。通过对现存先蚕坛建筑组群的勘察及与北京其他祭坛建筑的比对，可以发现今存之先蚕坛组群与明嘉靖朝创建的皇家祭坛有着千丝万缕的联系，且现存诸多建筑也保留了部分的明代特征。由此可见，先蚕文化薪火相传，生生不息。

刘文丰（北京市古代建筑研究所副研究员）

# 浅述祭天斋戒礼仪与斋戒场所

## 绪　论

古书有云："国之大事，在祀与戎。"[①] 中国古代最为重要的两件事就是祭祀和战争。祭祀自远古时代产生，直至今日仍有部分祭祀活动存在，历史源远流长。祭天是中国古代一项极为独特的国家祭祀活动，祭天礼仪最初是源自原始先民对自然界各种现象的畏惧及崇拜，经过历史的演变，祭天活动由原始社会时期简单、朴素的对天行礼，发展为隆重、繁缛的祭天大典，这个过程自公元前 26 世纪一直贯穿到 20 世纪初封建制度解体。

北京天坛是明清两代封建帝王祭天祈谷的场所，建于明永乐十八年（1420 年）。天坛自明永乐时期初建、嘉靖时期改制、清乾隆时期改扩建，最终形成了北圆南方、南北两坛、五大建筑群并存的整体格局。斋宫就是五大建筑群之一，这里虽没有祈年殿的气势恢宏、没有回音壁的奇声妙响，但却环境清幽、古朴简约，昔日明清帝王大祀天坛前，要来到斋宫行斋戒礼，以示对天神的尊崇和对祭祀大典的重视。斋宫中所蕴含的斋戒文化，和天坛所蕴含的祭天文化，既是密不可分，却又是独立存在的，值得我们去了解和探索。

## 一、斋戒礼仪源流

### （一）斋戒内涵

斋戒是祭祀过程中的一项重要仪程，历史极为久远。《礼记·祭统》云："礼有五经，莫重于祭。夫祭者，非物自外至者也，自中出生

---

① 《左传·成公十三年》。

于心也。心怵而奉之以礼，是故唯贤者能尽祭之义。"举行祭祀活动时，不仅要承祭者规范言行，从外部重视祭祀，更是要发自内心的虔诚，只有这样方能感动受祭的神灵，才能实现祈福禳灾的目的。古人云："洗心曰斋，防患曰戒。"① 斋指的是"静心"，帝王们会通过读圣贤书、诵咏祖训、自我反省等方式使心灵得以净化；而戒则是要"净身"，通过一系列的严格规定来使身体由内而外地得到净洁。孔子也曾说："斋必变食，居必迁坐。"② 就是要通过改变饮食、改变居所，使身心得到调理净化，以达到天人合一的境界。

人通过斋戒的过程，使身心得到调理净洁，这也体现着人对于神灵的敬畏和尊崇。通过静心反省、清除杂念、竭诚致敬，来抑制不良的欲望，才能在精神饱满的状态下进行祭祀活动。因此行斋戒礼是祭祀活动举行前必不可少的一项仪程，中国历朝历代礼制均规定皇帝在祭天前要进行斋戒，以表达对"天"的尊重。

黄帝被尊为中华民族的人文初祖，《列子·黄帝》中载：黄帝"退而闲居大庭之馆，斋心服形"。讲的是黄帝在祀前移居于一个安静的屋宇，净洁身心，整理服装，表达了他对大典的重视。

《周礼·大宗伯》载："大宗伯之职，掌建邦之天神、人鬼、地示之礼，以佐王建保邦国。……凡祀大神、享大鬼、祭大示，帅执事而卜日，宿③视涤濯，莅玉鬯，省牲镬，奉玉粢，诏大号，治其大礼，诏相王之大礼。"可知周代设有大宗伯一职，掌管祭祀斋戒事宜。此后，中国古代历朝君主举行祭祀大典前均要行斋戒礼。

唐朝时规定，散斋日不得吊丧问疾，不判署刑杀文书，不惩罚罪人。宋朝时，凡散斋，不吊丧、问疾、作乐，有司不奏行杀文书，致斋日，前后殿不视事，惟行祀事。④ 这样使身心净洁，在祭祀前达到良好的身体状态。

明代自建朝之初，便对祭天与斋戒十分重视。《明太祖实录》载："今定斋戒之期'大祀以七日，中祀以五日'，不无太久，大抵人心久则易怠，怠心一萌，反为不敬。可止于临祭斋戒三日，务致精专，庶几可以感格神明矣。"并明确规定了斋戒禁忌："凡祭祀，必先斋戒，而后可

---

① 《周易注解》。
② 《论语》。
③ "宿"指再次申诫。祭祀前十日戒百官使斋谓之戒，祭祀前三日或一日再戒百官，谓之宿。
④ 《政和五礼新仪》。

以感动神明。戒者，禁止其外。斋者，整齐其内。沐浴更衣，出宿外舍，不饮酒，不茹荤，不问疾，不吊丧，不听乐，不理刑名，此则戒也。专一其心，严畏谨慎，不思他事，苟有所思，即思所祭之神，如在其上，如在其左右，精白一诚，无须臾间，此则斋也。"[1] 令后世子孙严格遵守。

朱元璋还下令铸造了铜人，提醒皇帝虔诚斋戒。《明会典》："洪武三年，定大祀，百官先沐浴更衣，本衙门宿歇。次日，听誓戒毕，致斋三日。令礼部铸铜人，高一尺五寸，手执牙简。如大祀，则书致斋三日。中祀，则书致斋二日于简上。太常寺进置于斋所。"[2]

明永乐十八年（1420 年），北京天地坛建成，永乐皇帝规定皇帝在大祀前要移居斋宫，虔诚斋戒。

到了 1644 年，清朝入主中原。清朝祭祀体系在承袭明朝祭祀制度的基础上，融合了满族的传统祭祀礼俗。祭祀斋戒礼仪，在顺治、康熙、雍正三朝不断充实完善，至乾隆皇帝时，达到了最完备的阶段。

清朝规定了大祀斋戒的要求和禁忌。斋戒期间不谳刑狱、不宴会、不听乐、不宿内、不饮酒茹荤、不问疾吊丧、不祭神扫墓。清雍正年间，凡祭祀天地及祈谷等大祀前，如皇帝于斋宫斋宿，必须恭设斋戒牌，斋宫丹陛左侧放置铜人以示警诫。斋戒期间，各宫均要悬挂斋戒木牌于帘额，内外大小官员设斋戒牌于官署。雍正十年（1732 年），为避免参与斋戒的官员们言行起居懈怠，规定官员斋戒期间要随时佩带斋戒牌，互相监督提醒遵守斋戒规定，皇帝本人在斋戒期间也会佩戴斋戒牌。

大祀前，太常司进斋戒牌、铜人，置于乾清门黄案之上。大祀前三日，皇帝在紫禁城内致斋，颁布誓戒。祀前一日，皇帝至天坛斋宫斋戒，铜人恭送至铜人亭内供奉。

乾隆皇帝对祭天极为虔诚，六十年如一日地奉行祭天大典，在 85 岁高龄时，仍然还亲自登台行礼。他对祭天斋戒十分重视，下诏修缮天坛斋宫，并增筑寝宫，此后大祀天坛时，前两日，皇帝在紫禁城斋宫斋戒，最后一日，到天坛斋宫斋戒，于寝宫斋宿。

（二）斋戒形式

周时，在祭天前，要先占卜祭祀日期，这称为"卜日"，再重申对

---

① 《明太祖实录》卷四十。
② 《大明会典卷》卷八十一。

坛庙文化研究

59

百官的告诫。唐代史料中也曾提到卜日，由此可知古时斋戒日期是随着祭祀日期的确定才能定下来，一旦确定，则极少会再更改。

国家祭祀中的斋戒分为散斋、致斋。散斋不必住在特定的建筑设施里，可以处理政务；致斋则必须昼夜住在斋宫或斋室中。《礼记·祭统》："是故君子之齐也，专致其精明之德也。故散齐七日以定之，致齐三日以齐之。"斋戒要至诚至敬，要先用七天的"散斋"来稳定心思，再用三天的"致斋"来调整，可以说散斋在先是为之后的致斋奠定基础的。

周时散斋七日，致斋三日。

唐时祭祀前七日皇帝散斋四日，致斋三日，散斋于别殿进行，致斋则是两日于太极殿，一日于行宫进行。

宋代皇帝散斋七日于别殿，致斋三日，一日于大庆殿，一日于太庙，一日于青城斋宫。

元代皇帝散斋四日于别殿，致斋三日于大明殿。

明代皇帝散斋四日，致斋三日于斋宫，其陪祀官各宿于公廨，给馔及明衣布各习礼于斋所。

清代皇帝在祀前，致斋三日，两日于大内致斋，最后一日于天坛斋宫致斋。

# 二、历代斋戒场所

祭祀前斋戒的历史源远流长，然而专门建造统治者祭祀前斋戒的场所，却不是一开始就有的。古代的斋戒场所经历了从无到有、从临时建筑到固定场所的演变过程。

**历代斋戒场所**

| 时代 | 斋戒场所 |
| --- | --- |
| 早期 | 临时帐篷（祭坛外） |
| 南北朝 | 无固定地点 |
| 唐朝 | 太极殿和行宫 |
| 宋朝 | 青城斋宫 |
| 明朝 | 斋宫（祭坛旁侧） |
| 清朝 | 斋宫（祭坛旁侧） |

早期斋戒时，斋室是在祭坛之外，用幕布围成的临时帐篷；《周礼》称之"大次""小次"。大次在祭坛之外，供统治者和陪祀官员斋戒、居住；小次在祭坛旁边，是举行祭祀活动时临时休息之处。

南北朝时，皇帝斋戒没有固定地点。

唐代皇帝祭天斋戒在太极殿和行宫进行，致斋前两日，居于太极殿，祀前一日，移居行宫斋戒。太极宫始建于隋，唐高宗迁入大明宫之前一直是唐王朝的政治中心。太极宫的正殿即为太极殿，皇帝在此致斋两日，祭天前一天，移至祭坛附近的临时行宫斋戒。

宋代出现了专门用于皇帝斋戒的固定场所——青城。《文献通考》中有一段关于建青城的记载："（宋神宗）元丰四年十月八日，礼官言：'古之王者，行则严舆卫，处则厚宫阙，所以示威重，备非常也。故《周礼》，王会同则为坛宫，食息则设帷宫。汉祀甘泉，则有竹宫。至于江左，亦有瓦殿。本朝沿唐旧制，亲祠南郊，行宫独设青城幔殿，宿者有风雨之忧，而又无望祭之位。且青城之费，岁以万数。臣等欲乞仿青城之制，创立斋宫，一劳而省重费，或遇风雨，可以行望祭之礼。'诏送太常礼院，候修尚书省了日取旨。是神宗皇帝有意乎立斋宫矣，但以修尚书省未毕，而犹有所待也。其后，哲宗皇帝既建斋宫，谓臣下曰：'三岁一郊，青城之费，缣帛三十余万，工又倍。易以屋室，一劳永逸，所省多矣。'又徽宗皇帝修建南北郊斋宿宫殿，南郊曰斋宫，北郊曰帷宫。有司请曰：'事体如一，而名称不同，宜并称斋宫。'从之。"[①]

从这段话可知：宋代时的青城，是一座幔殿，也就是用缣帛——一种绢类的丝织品搭建而成，费用极为昂贵，是皇帝临时斋戒的场所，大典结束，即可拆除，如果赶上风雨，就更加麻烦。因此礼官奏请仿照青城之制，创立斋宫。宋哲宗时期建成了斋宫，一劳永逸。到宋徽宗时期修建了南北郊的斋宿宫殿，南郊的称为"斋宫"，北郊的称为"帷宫"，后统一名称为"斋宫"。

1368年，明太祖朱元璋建立明朝，定都南京，在南京钟山之阳建圜丘，并在圜丘旁侧建斋宫，规定皇帝祀前须移居斋宫，静心斋戒。《明实录》记载："（明洪武三年五月）乙巳建斋宫于圜丘之西，方丘之东，前后皆为殿，殿左右为小殿，为庖湢之所[②]，外为都墙，墙内外为

---

① 《文献通考》卷七十一《郊社考》四。
② 庖指的是厨房，湢指的是浴室。

将士宿卫之所，又外为渠，前为棂星门，为桥三，左右及后各为门一，为桥一"。①

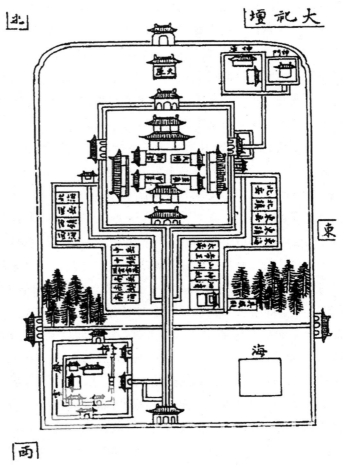

《洪武京城图志》明初斋宫

《明史》记载："十年，改定合祀之典，即圜丘旧制，而以屋覆之，名曰大祀殿……斋宫在外垣内西南，东向。其后殿瓦易青琉璃。成祖迁都北京，如其制。"②

明永乐十八年（1420年）北京天地坛建成，遵循南京旧制，建斋宫于大祀殿西南。明嘉靖九年（1530）年嘉靖皇帝改合祀为天地分祀，在大祀殿南侧建圜丘，以冬至日祀天，并将南郊命名为天坛。后又改大祀殿建大享殿，奠定了今天天坛的基本格局。嘉靖皇帝还曾想将斋宫改

---

① 《明太祖实录》卷五十二。
② 《明史》志第二十三·礼一。

建到圜丘坛东南侧，但是未能成行。《春明梦馀录》载："嘉靖中，上以旧存斋宫在圜丘北，是踞视圜丘也，欲改建于丘之东南。夏言言："更起斋宫于圜丘之旁，似于古人扫地之义，未为允协。且秦汉以来，并无营室者，正谓质诚尊天，不自崇树，以明谦恭肃敬之旨，故惟'大次'之设，为合古典。陛下前日考据精密，岂今偶未之思耶，愿寝其议，仰答太灵，报闻。"[1]

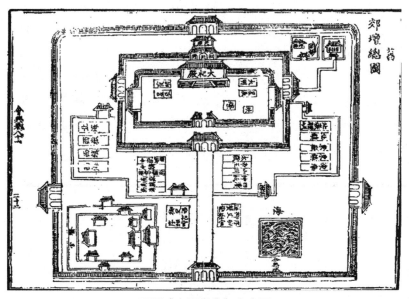

万历《大明会典》斋宫图

明末清初的史料《春明梦馀录》中记载："斋宫在圜丘之西，前正殿，后寝殿，傍有浴室，四围墙垣以深池环之，皇帝亲祀散斋四日，致斋三日于斋宫，驾至南郊昭享门降舆，至内壝恭视坛位，又入神库视笾豆，至神厨视牲毕，出昭享门至斋宫，各官早朝、午朝俱赐饭。《传》曰祭之日披衮以象天，戴冕藻十有二旒，则天数也，乘素车，贵其质也，旂十有二旒，龙章而设日月，以象天也。天垂象，圣人则之，郊所以明天道也。"[2] 从这段记载来看，明朝时期的斋宫应该是有正殿、寝殿和浴室的，四周围绕着高墙和深池。

清代入关之后，斋宫得以继续沿用。雍正九年（1731年），雍正皇帝在紫禁城中建了一座斋宫，每临祭期，雍正皇帝就在紫禁城斋宫斋宿

---

① 《春明梦馀录》卷十四。
② 《春明梦馀录》卷十四。

坛庙文化研究

63

三日，然后启程前往天坛祭天，在天坛从不住宿。从此，天坛斋宫失去了它的作用。乾隆八年（1743年），乾隆皇帝命修缮天坛斋宫，填斋宫内御河西侧一段拓建成寝宫，设有垂花门、寝殿、左右配殿等建筑。寝殿为寝宫正殿，五开间，明间设有皇帝宝座；次间设有书案，供皇帝斋戒时读书写字；南北稍间设有皇帝卧榻，北稍间地下设有火道熏炕，解决了皇帝冬季斋宿时的取暖问题，南稍间西侧专门辟置净室，也就是皇帝斋戒时沐浴的专用处所。寝宫建成后，乾隆皇帝规定：大祀天坛前的斋戒，前两日在紫禁城斋宫进行，最后一日到天坛斋宫斋戒，在寝宫里斋宿。

清嘉庆十二年（1807年）祀典前夕，寝宫不慎失火，波及配殿廊庑，经查系由熏炕所致。此后嘉庆皇帝下旨，所有坛庙熏炕，永远停止。寝宫重建时不再设廊庑，左右配殿也一并停建，以围墙代替，只是按旧制重建了寝殿，形成了天坛斋宫现有建筑格局。

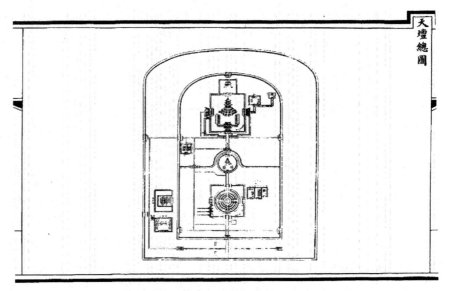

《大清会典图》斋宫

# 结　论

本文初步探讨了祭天斋戒礼仪的发展和斋戒场所的变化过程，斋戒作为祭祀活动中一项必不可少的环节，随着封建社会国家祭祀体系的趋于完善，斋戒礼仪日渐完备，斋戒场所从无到有、从临时场所到固定的斋宫，斋戒文化内涵也逐渐丰富起来。斋戒文化的研究，有助于完善天坛的祭天文化体系的完整性和整体性，值得我们继续挖掘和探索。

刘星（天坛公园副研究员）

# 坛庙文化在首都文化功能
# 建设中的价值研究

## 一、新时代首都坛庙文化功能

北京的坛庙格局起始于明永乐时期，改制于嘉靖时期，是以南京坛庙格局为模本，集历代都城坛庙建筑之精髓而成。现有坛庙建筑较为完整地保存了明清北京坛庙的核心部分，但营建史料疏于记载，致使北京坛庙建筑制度、历史沿革等基础问题尚存诸多空白、缺环、盲区和误区，已成为深入阐释其丰富文化内涵的瓶颈。

### （一）首都坛庙现状分析

今天的坛庙早已失去了原有功能，进而蜕变发展为今天我们所熟知的各个景点。在剖析新时代首都坛庙文化功能之前，我们首先要分析一下首都坛庙的现状。

北京九坛中天坛和先农坛都各设两坛，分别是天坛、祈谷坛和先农坛、太岁坛。八庙中，故宫内有两处，分别是奉先殿和传心殿，另堂子今已无存。今天的天坛（包括祈谷坛）、地坛、日坛、月坛和社稷坛（包括寿皇殿）都已经变成了我们非常熟悉的公园景观。而先农坛（包括太岁坛）、孔庙、历代帝王庙、奉先殿等则演变发展为博物馆，其他坛庙有暂时还未对公众开放的，也有变成了"消失的建筑"。因此根据首都坛庙的一些相关问题和状况，我们进行了一个调查问卷。问卷样本数量为 1000 份，是在观众和线上网友中进行的，我们可以通过问卷的调查结果来分析一下目前首都坛庙的现状。问卷内容如下：

# 首都坛庙功能现状调查

1. 您的性别。

    ☐ 男
    ☐ 女

2. 您的年龄。

    ☐ 18 岁以下
    ☐ 18—35 岁
    ☐ 35—60 岁
    ☐ 60 岁以上

3. 您的学历。

    ☐ 高中及以下
    ☐ 大专
    ☐ 本科
    ☐ 硕士研究生
    ☐ 博士研究生

4. 您知道北京"九坛八庙"的说法吗？

    ☐ 知道
    ☐ 不知道

5. 您对北京坛庙的现状是否满意？

    ☐ 满意
    ☐ 不太满意，请列举

6. 您是否有意愿了解北京坛庙的历史文化价值？

    ☐ 非常愿意
    ☐ 一般
    ☐ 不愿意

7. 如果您知道北京九坛八庙，是通过什么途径知道的？

    ☐ 书籍、报纸
    ☐ 网络
    ☐ 电视
    ☐ 讲述
    ☐ 朋友介绍
    ☐ 其他
    ☐ 没听说

8. 您对九坛八庙中哪些坛庙兴趣较大？

☐ 天坛

☐ 地坛

☐ 朝日坛

☐ 夕月坛

☐ 先农坛

☐ 先蚕坛

☐ 祈谷坛

☐ 太岁坛

☐ 社稷坛

☐ 太庙

☐ 奉先殿

☐ 传心殿

☐ 寿皇殿

☐ 雍和宫

☐ 堂子

☐ 孔庙

☐ 历代帝王庙

9. 您去过哪些坛庙？

☐ 天坛、祈谷坛（天坛公园）

☐ 地坛（地坛公园）

☐ 朝日坛（日坛公园）

☐ 夕月坛（月坛公园）

☐ 先农坛、太岁坛（北京古代建筑博物馆）

☐ 先蚕坛

☐ 社稷坛

☐ 太庙

☐ 奉先殿

☐ 传心殿

☐ 寿皇殿

☐ 雍和宫

☐ 堂子

☐ 孔庙

□ 历代帝王庙

10. 您去北京坛庙的次数及频率。

11. 您去北京坛庙的目的是什么？

12. 您是否参加过坛庙文化相关的活动？

13. 您认为首都坛庙文化应如何活化利用？

14. 您对北京坛庙文化在首都文化功能建设过程中有哪些建议？

首先，在调查的群众中，对坛庙主题的问卷感兴趣的仍是女性居多；在被调查的人群中，以35—60岁这一年龄段为主要力量；学历以本科为主，其次是硕士研究生，可见被调查的人群普遍有较高的教育背景。但即便是这样，明确知道北京"九坛八庙"之说的人数占比也仅仅比不知道的高了一点，学历背景与对坛庙的认知并不成正比，也没有占据任何优势。

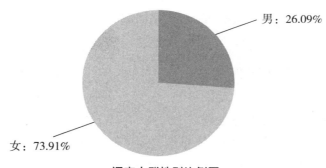

男：26.09%

女：73.91%

调查人群性别比例图

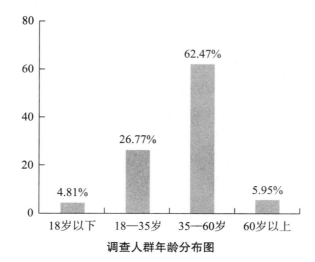

调查人群年龄分布图

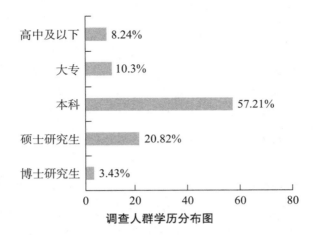
调查人群学历分布图

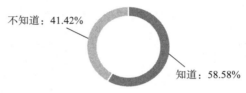
调查人群九坛八庙了解现状图

在知道"九坛八庙"之说的人群中，大多数人对北京坛庙的现状还是满意的，但仍旧有四分之一的人对现状不满，他们给出的理由大多集中在宣传力度不够、联动性不够、符号性不强、系统性研究不够、文化功能发挥不够、文化价值利用不到位，等等。因此基于这些理由，在被调查的人群中有82%的人愿意更多地了解北京坛庙的文化价值。这也是我们要做这个问卷的初衷。那么在现有的宣传途径中，有超过一半的人是通过网络来了解和知晓北京坛庙的，其次是书籍和报纸，再者是通过讲述和朋友的介绍，而通过传统媒体电视来了解的却落在了后面。

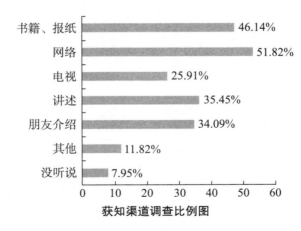
获知渠道调查比例图

在九坛八庙中，人们对其中哪些兴趣比较大，这个结果与我们预估的大体相同，位列前三的分别是天坛、雍和宫和孔庙，超过一半以上的人还想了解太庙、地坛、历代帝王庙和先农坛。看到这个结果，我们可以总结出人们对已经"名声在外"的世界文化遗产依然存有浓厚的兴趣，最具有代表性的就是天坛。人们大多知道它，但都认为还并不了解它，或者说并未深入了解它，因此人们大多勾选了有一定认知并具有很高知名度的天坛。而雍和宫、孔庙、太庙、地坛、历代帝王庙和先农坛这些地方都是保存相对完整，并对公众开放的知名景点，人们感兴趣的指数可以说与自己的认知和坛庙的开放程度密不可分，认知度的提升与否与前文所述的目前北京坛庙呈现出的一些问题有很大关联。

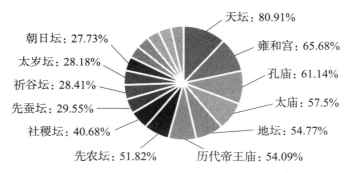

天坛：80.91%
雍和宫：65.68%
孔庙：61.14%
太庙：57.5%
地坛：54.77%
历代帝王庙：54.09%
先农坛：51.82%
社稷坛：40.68%
先蚕坛：29.55%
祈谷坛：28.41%
太岁坛：28.18%
朝日坛：27.73%

**九坛八庙兴趣程度比例图**

在人们去过的坛庙排名结果中，依然是与兴趣、知名度和宣传程度成正比的，知名度越大，人们的兴趣点就越大，兴趣点越大，付诸实际行动去实地了解的就越多。在去的频率和目的上可以清楚地看出，大部分人是偶尔去，只有少部分人是经常去，而经常去的原因基本上都是把坛庙当作公园进行身体锻炼，认为这里环境良好，利于身体健康，并不是因为对坛庙本身所蕴含的文化感兴趣。在坛庙中组织活动的频次也不是很高，因此大众在是否参加过坛庙中组织的活动这个问题中，绝大多数填选的是没有参加过的。因此从以上调查中能够看出北京坛庙的很大一部分问题是在于没有宣传好，没有把自身资源利用好。在整体活化利用方面应适应时代发展，顺应政策导向，深耕文化内涵，定位自身优势，拓展利用领域，才能使坛庙文化在未来首都文化功能建设中发挥更大的作用。

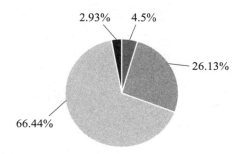

92.34%

45.27%

46.62%

77.93%

54.28%

55.41%

65.77%

55.63%

60.59%

57.43%

☐ 天坛、祈谷坛（天坛公园）　　 ☐ 地坛（地坛公园）
☐ 雍和宫　　 ☐ 社稷坛（中山公园）
☐ 文庙（孔庙和国子监博物馆）
☐ 太庙（劳动人民文化宫）　　 ☐ 寿皇殿（景山公园）
☐ 先农坛、太岁坛（北京古代建筑博物馆）
☐ 奉先殿（故宫钟表馆）　　 ☐ 朝日坛（日坛公园）

**九坛八庙游客到访调查比例图**

2.93%　　4.5%

26.13%

66.44%

■ 次数多、频率高，每周都去　　 ■ 不定期，但经常去
■ 偶尔去　　 ■ 从来不去

**调查人群到访九坛八庙频率比例图**

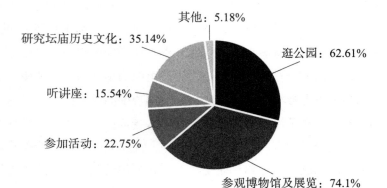

其他：5.18%

研究坛庙历史文化：35.14%

逛公园：62.61%

听讲座：15.54%

参加活动：22.75%

参观博物馆及展览：74.1%

**调查人群到访九坛八庙目的调查比例图**

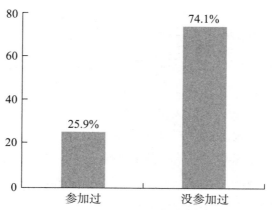

80

74.1%

60

40

25.9%

20

0

参加过　　　　　没参加过

调查人群参加九坛八庙活动调查比例图

当然，在调查中，关于北京坛庙的宣传和活化利用的问题上，大众也给了一些建议。在建议中发现，大家了解坛庙文化的习惯的方式仍是以通过参观博物馆或展览的方式来达成目的，其次是当今最流行的、传播速度最快的新媒体模式。传统的社教线下活动已经落到了第三位，但传统社教活动仍是文化发展中必不可少的一种模式。近两年发展较快的研学游学等实地教学的方式，也受到了大家的推崇。其实这些方式在近两年都已经出现在北京各大坛庙中，只是没有系统的发展和协调，宣传效果并不显著。目前北京坛庙的现状如前文所述，处于一个名声很大，但发展利用并不充分的尴尬境地。拥有很好的自身资源，却没能完全活化利用起来，使得北京坛庙既分散又缺乏宣传，没有整体统筹规划，没能发挥自身的文化价值和文化内涵。

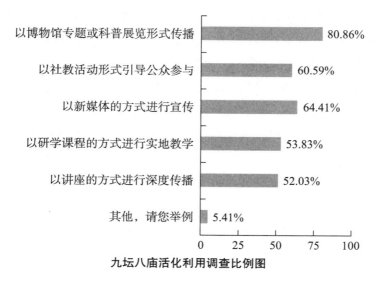

以博物馆专题或科普展览形式传播　　80.86%

以社教活动形式引导公众参与　　60.59%

以新媒体的方式进行宣传　　64.41%

以研学课程的方式进行实地教学　　53.83%

以讲座的方式进行深度传播　　52.03%

其他，请您举例　　5.41%

0　　25　　50　　75　　100

九坛八庙活化利用调查比例图

## （二）首都坛庙优秀传统文化项目剖析

坛庙作为对公众开放的景点，其背后所蕴含的文化内涵和社会价值也逐渐显现出来。近两年北京坛庙建筑群也逐渐发展以本体建筑为依托，打造有自身特色的品牌文化活动和文创产品。有些坛庙随着逐步探索自身发展之路，以及提升自身在首都文化功能建设中的价值，坛庙建筑的文化资源规模也随之扩大，从而产生一种坛庙文化效应，拓展文化旅游发展空间，形成多元文化经济圈、文化市场群，对于首都文化功能的建设和首都经济的发展具有较好的预见性。以下简要介绍两个坛庙活化利用的实例，作为整个北京坛庙文化宣传推广的参考，从而对未来首都文化功能建设起到更好的推动作用。

### 1. 北京先农坛（北京古代建筑博物馆）

北京先农坛作为中轴线申遗项目中的一个重要遗产点具备着广泛的受众，耤田是先农坛系统化文化主题中的一个亮点，也是北京先农坛农耕文化的核心体现区，是中国古代天子亲耕农田"以为天下先"的耤田礼活动区，面积约为800平方米。该处遗址具有独一无二的历史文化价值，对该遗址的研究与利用具有重要意义。因此这块"一亩三分地"也得到了各级领导的关心与关注。

根据习近平总书记在北京调研时对文物保护工作提出的"保护为主，抢救第一，合理利用，加强管理"十六字工作方针，我们对这块地的保护及利用工作进行了合理的规划。长期以来，北京市委、市政府高度重视北京先农坛建筑群历史景观展示工作。2017年12月9日，蔡奇书记和陈吉宁市长在中轴线调研中，来到北京先农坛，对先农坛耤田的保护及其利用，表示了高度关注，并做出重要指示。2018年5月，市人大、政协主要领导也来到北京先农坛进行调研，并推进后续工作进程，促进重点工作开展。在北京市文物局和西城区政府的共同努力，北京古代建筑博物馆和育才学校的具体落实下，从2018年下半年着手腾退、考古及设计等相关工作，一直到2019年上半年完成了该项目的全部工作，最终将北京先农坛耤田历史景观展示在大家面前。在2019年春天第一次举办了北京先农坛春耕祭先农暨一亩三分地历史景观展示的启动仪式，播下了春天的种子，并于当年秋天迎来了北京先农坛时隔百年的再次丰收。

北京先农坛农耕系列文化活动从2019年春天第一次举办到今天，已经举办了三年。该活动每年以春播秋收为主题，举办两次大型文化活动，活动内容包括仪式和互动两大部分。仪式部分包括全年活动的启动以及春播和秋收盛典。互动部分则包括为到场观众科普春播秋收的知识，邀请观众亲自下田体验春播和秋收的过程，体验农耕和丰收的快乐。同时，在馆内开设了多个非遗和游戏体验摊位，提高活动的丰富程度，也提升了公众的体验感。这三年的主题活动基本是以线下的形式组织举行，除了其中疫情严重时期采用了一次线上直播的形式外，今年我们的秋收活动也全面增加了线上直播的形式，至此北京先农坛农耕系列文化活动也开启了"线下＋线上"的举办形式，反响良好，公众关注度逐年上升。

2019 年春播活动

2020 年秋收活动

**2021 年秋收活动现场**

　　这三年，我们根据史料记载，在一亩三分地上分别播种了谷子和高粱，并且收成良好。自 2019 年我馆首次举办先农坛农耕系列文化活动以来，每年都有超过 500 人次亲身参加了线下主题活动，有 20 组家庭亲身体验了农耕收割的乐趣，也有将近 10 万人次来先农坛参观耤田历史景观。耤田历史景观上的农作物产量也十分可观。2019 年谷子收成量为 300 斤，2020 年高粱的总收成量已经超过 2019 年谷子的收成量，达到了 900 斤，今年的谷子还处于晾晒脱壳阶段。

　　三年来，我馆以丰富的活动内容和创新的传播形式开展的先农坛农耕文化系列活动已变成了北京先农坛的品牌主题活动，推出了具有先农坛特色的文创产品，同时也使观众对北京中轴线、北京先农坛的历史文化和农耕文化有了更深的了解。今年秋收活动线上参与人数为 20.58 万，线下参与人数为 30 人。借助先农坛深厚的历史文化内涵，以丰富的内容和新媒体的形式，使观众感受到中华民族从顺应自然到改变自然的勤劳、勇敢和智慧；体会了中华民族从耕耤天下走到农业大国的艰辛与不易；弘扬了农耕文明发展过程中，孕育出的海内外炎黄子孙不屈不挠、顽强拼搏、创新奉献的民族精神。活动不仅让观众了解先农坛的历史，还更加深入地挖掘了其中内涵，通过多样的传播载体，展示先农坛在新时代焕发的新光彩。活动旨在传承先农坛悠久的历史文化，充分发挥农业文明的历史价值和社会价值，让观众人人可以参与其中，无限接近历史、感受历史，使先农坛这颗中轴线南段的明珠，展现出中轴线上的农耕之美，弘扬优秀传统文化，科普农业知识，深入挖掘其蕴含的文化内涵，通过多样的传播载体，对文化精髓进行深入解读，让历史变得生动鲜活。同时，融合时代精神对其进行再创造，表达人们重视农业、关注生产，充分发挥先农坛在传承优秀文化、农业文明的历史价值和社会价值。也为助力北京全国文化中心建设、中轴线申遗工作添砖加瓦，利用博物馆资源，讲好北京故事，最终探索出新时代背景下农业文化的自觉与复兴之路，弘扬中国传统农业文化之脉，铸造中华农业发展之魂。

### 2. 社稷坛（中山公园）

在北京中山公园内有一座中华百年老字号茶庄——来今雨轩。它以优越的地理位置、优美的就餐环境及厚重的历史文化底蕴而著名。20世纪二三十年代，北京中山公园还被称为中央公园的时候，来今雨轩是其中的一个茶座。对于那个年代的知识分子来说，"来今雨轩"是一个非常合适的社交场所，鲁迅、林徽因、张恨水等文化界名人都曾光顾于此，经常可以看到他们的身影。

**来今雨轩**

来今雨轩原址位于中山公园内坛墙东南角外，黑筒瓦歇山顶卷棚屋面，红砖房、有廊柱，房内有地板和护墙板，是典型的民国式建筑，建筑面积481平方米，建成后初拟做俱乐部，后招商经营，开办餐馆和茶社。来今雨轩环境清静幽雅，当时一些社会名流、大学教授、鸿儒名医常来此聚会。今天，从中山公园正门进入，沿东侧长廊曲折北行可直接到达，茶庄还在原来的位置上矗立着，但来今雨轩的饭庄则在 1990 年从原址迁到了公园西侧的杏花村新址。走进今天的来今雨轩，室内是民国风布局，老榆木的旧式茶桌板凳，乌木的地板和楼梯，八瓣梅图案的老花砖，茶社中服务人员身着民国时期学生服，令人有种身临其境的感觉。

来今雨轩除了有茶庄的角色之外，还具有另一重要身份，即中国共产党早期北京革命活动旧址之一。1919 年 7 月少年中国学会成立后，李大钊、邓中夏、高君宇等多次到来今雨轩参加学会的聚会、座谈会，阐明政治主张。1920 年北京大学马克思学说研究会成立后，李大钊多次来到这里，宣传马克思主义。今天的来今雨轩因其历史内涵和文化价值已经成为北京市市级爱国主义教育基地，这其中蕴含的红色历史也成了来今雨轩历史上不可或缺的部分。2021 年 6 月 1 日来今雨轩正式对公众开放，内设少年中国学会和文学研究会专题展览，让游客沉浸式体验中国早期进步人士宣传马克思主义思想的活动场景。其中宣传最到位、活化利用最成功的案例要数"鲁迅先生的冬菜包子了"。

来今雨轩内

《鲁迅日记》中有记载，他曾 82 次来到中山公园，60 次亲临来今雨轩翻译写作、品茗就餐、赏花会友。鲁迅的学生许钦文，在 1979 年曾撰文详细描述了鲁迅先生请他在来今雨轩吃包子、喝茶的故事。鲁迅对饮食是极其挑剔的，他眼中的"可以吃"，换成白话文就是"很值得一吃"。在那个物资匮乏的年代，他把对学生的关爱体贴都融进了这一盘冬菜包子里。当时来今雨轩的冬菜包子在北京十分出名，可以和天津的狗不理包子相媲美。从中华民国到新中国成立以后的很长一段时间，包子馅里不仅包着优质的食材，还包着来今雨轩建立以来悠久而绵长的历史和独特的文化内涵。现如今只要提到冬菜包子，就会想到中山公园内的来今雨轩。这款包子最大的特点是它的外形，"高帮"且带有一点喜感，26 个褶，呈鸟笼状，也有人管它叫鸟笼包。如今，这款包子已经是店里的"网红"产品，手工制作，且限量销售，还设有外卖窗口。可以说这款包子已经成为社稷坛中一道独特的风景，并成功转化为带有自身文化内涵的 IP。除了包子，茶社目前在售的还有小菜、豌豆黄、小桃酥和热茶。餐具的使用上也很讲究，沉甸甸的黑底金边餐盘和金属筷子，让吃包子的过程颇有仪式感，也使得来社稷坛的公众在了解历史、追寻先烈足迹的同时，能品尝到带有文化和历史内涵的小食，也不乏是一件有趣和有意义的事情。

来今雨轩的冬菜包子

来今雨轩吃食

## 二、北京坛庙文化在首都文化功能
## 建设中的价值研究

北京坛庙是我们共同的文化遗产，它们既突显了坛庙文化的博大精深，又彰显出北京这座城市的世界性。明清北京坛庙建筑群，是中华民族文化思想的特殊见证，它的建制、沿革、祭器和礼仪具有重要的历史价值，是人类重要的文化遗产。坛庙建筑及其相关的祭祀文化传承，对于弘扬中华传统文化和伦理道德具有独特的作用。今天人们越来越强烈地感受到吸收传统文化精髓的重要性，宣扬优秀的传统伦理，提高全民素质，促进社会和谐，离不开传统礼法的教育，而这些教育的开展无疑是需要特定的场所和环境。因此，明清北京坛庙建筑群保留至今，不论是文化象征意义，还是凝聚民族精神，都有着不容小觑的价值，这些价值对首都文化功能建设有着不小的促进和推动作用。

### （一）北京坛庙文化与首都文化功能建设的关系

北京作为具有 800 余年建都史的城市，历史文化底蕴丰富，种类繁多，影响深远。其中坛庙建筑是北京历史文化的优秀代表，在建设有中国特色世界城市，文化大发展、大繁荣的时代，在推进首都文化功能建设的今天，传承好北京坛庙文化，具有重要的现实意义和深远的历史意义。北京这座古都依然散发着特有的魅力，历久弥新，如何能更快更好地推进首都文化功能建设，如何能发挥好北京坛庙的功能作用，这是我们需要深入探讨的话题。

在《首都功能核心区控制性详细规划》中，可以看出党中央对北京规划的要求，与十九届四中全会提出的国家治理能力、治理体系现代化的文件精神相符合，有机统一了核心区政务环境优良、文化魅力彰显和人居环境一流的区域特征，把名城保护的原则、理念、要求、措施和改善民生紧密结合在一起。同时也能从中明确首都文化功能建设的核心要义，即文化的核心是思想、文化繁荣发展的根本目的是以文化人。北京在全国文化中心建设中，作为国家文化之首善、先进文化之代表，既要展示民族文化的内核，又要服务于国家文化战略，这就要求我们充分发挥首都文化中心建设中优秀传统文化的作用，理解优秀传统文化的深刻肌理和形式表达。

处理好坛庙文化和首都文化功能建设之间的关系，是发展工作中首先要考虑的。在快速发展的现代化社会中，北京坛庙文化是历史沉淀而来，在其形成过程中被反复推敲、考验后被现代社会所认可的。这些沉淀而来的经典文化是现代社会文化建设的基石，没有传统文化的铺垫，也无法实现现代文化中心建设的发展和创新。在首都文化中心建设的总体规划中，坛庙文化发展是其中重要的一部分，不可或缺。在坛庙文化发展的领域进行深耕和发展，是对首都文化中心建设的推进和完善。因此，在首都文化中心建设的过程中，保护、保留好坛庙文脉，二者既包含，又相互促进，才能真正做到全面发展首都文化中心建设。所以坚持习近平总书记提出的"保护为主，抢救第一，合理利用，加强管理"十六字工作方针，能够兼顾保护与可持续发展之间的关系，保持并尽量恢复明清北京坛庙的规制和历史风貌。通过加强各个坛庙的关联互动，逐步调整完善各个坛庙的总体布局和使用功能。再通过有效手段展示和解读北京坛庙所蕴含的深厚文化底蕴和社会价值，提高公众对坛庙文化的认知，延续并弘扬其中优秀的传统文化，合理利用历史资源，促进发展。

### （二）首都坛庙文化如何活化利用

北京坛庙历史悠久，内涵丰富，所有坛庙建筑都具备丰富的文化资源，但各自的价值却不尽相同，各具特色。保护北京坛庙文物建筑的同时，我们也应该更好地利用这些深厚的内涵和优秀的文化资源。在活化利用坛庙资源时，首先，应进行充分的、系统的历史研究，深入挖掘其价值和内涵。有了这个基础，首都文化功能建设才能稳步发展。其次，应丰富阐释手段。新旧展示方法结合，避免一味使用传统形式，应采取当下创新、与时俱进的表达手法。最后，鼓励通过文创产品、引入其他文化符号，来提升首都文化中心建设中的价值展示，也为北京坛庙文化价值的提升提供新的思路。

### 1. 举办多元化的展览展示项目

多种展示手段提升价值表达和直观体验。以展览展示的形式阐释北京坛庙的历史、文化、社会价值等，可将传统展示方法和新兴展示方法结合。以前的展示方法多以静态实物展陈为主，缺乏创新，而近些年陆续开始采用更多元的展示手段提升价值表达，例如多媒体展示、融媒体宣传、新科技技术等方法，传播文物蕴含的文化精髓和价值。坛庙文化本就是不可割裂的，各个坛庙单位联合举办也是要以鼓励的方式，整体的展示也更系统化和完整化，给公众的感觉也更清晰。

### 2. 开展线下主题文化展演活动

结合坛庙文化价值，积极策划与其契合的主题文化活动，为坛庙文化价值展示增色。充分利用传统与现代空间资源，策划国际、国家及市级重点文化活动，提高文化产品的输出能力，办好主题品牌活动和国际性活动，通过特色文化活动的举办，弘扬民族文化，扩大国际影响。线下主题文化活动的举办可将北京坛庙中所蕴含的历史文化、旅游文化、饮食文化、红色文化等有机地结合起来。利用自身资源打造出主题鲜明、参与度高的文化品牌活动，从而提供给公众更多的选择，丰富百姓文化生活。

### 3. 积极开发专属文创品牌

北京坛庙应发挥自身资源优势，从中获得创意，作为文创品牌研发的灵感来源，使有历史信息的展品"活"起来，增加公众与文化产品之间的交流和体验。鼓励打造和发展文创品牌，优质的文化 IP 与优秀的商业运营结合在一起，可以制造出一种珠联璧合的协同效应，文化赋能品牌，激发品牌与公众的内在情感链接，而品牌也作为文化的载体使文化广泛传播，并得到更强大的生命力，同时开创文创品牌、文化 IP 也是实现经济效益和社会效益齐发展的前沿形态，满足人们日渐增长的文化产品消费需求，助力增强文化自信。因此，北京的坛庙自身所具备

的历史文化价值，是支撑保护及利用的基础，是保护北京历史文化名城的内涵和精神价值前提，是讲好文物背后故事的材料支撑，是真正能活化城市文化遗产和产生文化共情和归属感的精髓所在。

郭爽（社教与信息部副研究员）

坛庙文化研究

# 《孝贤纯皇后亲蚕图卷》
# 先蚕祭器形制浅析

农耕和桑蚕一直是中国古代最为重要的生产活动，中国古人也一直遵从"男耕女织"的生产方式，因而也有了皇帝亲耕、皇后亲桑以为天下表率的政治活动。"国之大事，在祀与戎"，祭祀始终都是中国古代统治者极其重视的一项政治活动，中国古人信仰的神灵体系繁多且复杂，在各个方面都有信奉的神灵。桑蚕业顺其自然也产生了其信奉的神灵——嫘祖。按照"男耕女织"的概念，便由皇后主持蚕神祭祀，并且随着朝代更迭发展，最后形成了一套完整的先蚕祭祀体系。

清朝建立之初并没有延续明朝举行先蚕祭祀，康熙年间因皇帝个人兴趣，在西苑丰泽园东侧修建蚕舍，种植桑树，养蚕、育种、缫丝、纺丝。直到雍正十三年（1735年）河东总督王士俊奏请依照古制，建立先蚕坛。

> 四月己亥，礼部议覆河东总督王士俊奏请奉祠先蚕。……周制，蚕于北郊，其坛应设于北郊。祭日用季春吉巳，一切坛制祭品，俱视先农典礼。京师为首善之地，应于北郊建坛奉祀。
>
> ——《清实录·世宗实录》卷一百五十五

雍正皇帝议准了这一建议，并着手准备修建先蚕坛。然而，这一年八月先蚕坛还未建成，雍正皇帝便驾崩了。乾隆元年（1736年）按照大臣疏请在京城设立先蚕祠。

> 乾隆元年议准停止建立先蚕坛，改立先蚕祠宇，至期遣礼部堂官一人承祭。
>
> ——乾隆朝《钦定大清会典则例》卷六十一

于是在安定门外建立先蚕祠，定为群祀，每年农历三月遣太常寺官员祭祀。

乾隆七年（1742年）大学士鄂尔泰编纂《国朝宫史》，梳理各项典章制度，以"古制天子亲耕南郊，以供粢盛；后亲蚕北郊，以供祭服……今逢重熙累洽、礼明乐备之时，亲蚕大典，关系农桑，自应遵旨举行，以光典礼"为由，上奏乾隆请求创建先蚕坛，实行皇后亲桑享先蚕。乾隆八年（1743年）先蚕坛建成。

自此，皇后亲桑享先蚕正式列入清代国家祭祀，定为中祀，包括亲祭礼、躬桑礼、献茧缫丝礼三项内容。每年季春三月吉巳举行。

乾隆九年（1744年）农历三月初三"皇后亲享先蚕坛，翼日行躬桑之礼"，由皇后富察氏按照先蚕仪程仪轨进行了清代开国第一次亲桑享先蚕。此次祭先蚕意义重大，当年，乾隆皇帝命宫廷画师郎世宁等人绘制《孝贤纯皇后亲蚕图卷》，以为纪念。图卷共四卷，内容分别描绘孝贤纯皇后富察氏诣坛、祭坛、采桑、献茧四步仪程。乾隆皇帝曾题《先皇后亲蚕图承命弆藏茧馆并志以诗》御制诗于图卷后。

直至清朝灭亡，皇后亲行先蚕祭祀、躬桑共计54次，但如图卷中所绘流程完备却屈指可数。该图卷为研究清代先蚕祭祀文化提供了丰富的证据，其重要程度可见一斑。

《孝贤纯皇后亲蚕图卷》第二卷《祭坛》中绘制的是乾隆九年（1744年）皇后亲祭先蚕之神的场景。此次先蚕之祀的祭器规制应是以《国朝宫史》中所记"先蚕坛享祀仪"进行："届日鸡初鸣，内务府总管及宫殿监率内监入坛具器，陈牛一、羊一、豕一、登一、铏二、簠簋各二、笾豆各十、炉一、镫二。东设一案，西向，陈青色制帛一、香盘一、尊一、爵三。设福胙于尊案之旁，加爵一。牲陈于俎，帛实于篚，尊实酒，承以舟，疏布幂勺具。"（《国朝宫史》卷之六《典礼二》）图卷中可见，先蚕神位前怀桌上设白色瓷盏，笾豆桌上除篚外，所有祭器只有白瓷盘和白瓷碗两种形制。在另一幅描绘雍正年间皇家祭祀的图卷——《雍正帝祭先农坛图卷》中，雍正皇帝祭祀先农之神所用祭器也均为白瓷盘、白瓷碗。由于清代建立之初的祭祀制度多沿用明代旧制，亲蚕图卷中所反映的应为明代先蚕之祀的祭器制度。

明朝建立以后，朱元璋决议恢复周礼，同时采用唐宋之制，确立典章，考订前代五礼，最终形成了《大明集礼》。朱元璋个人"不喜虚文、重本尚诚"的性格特点对明初祭祀礼制的建立产生了很大影响。朱

《孝贤纯皇后亲蚕图卷》第二卷《祭坛》中所绘先蚕祭祀祭器形制

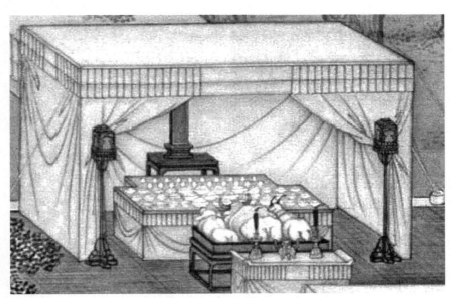

《雍正帝祭先农坛图卷》中所绘先农祭祀祭器形制

元璋认为礼仪程序过于繁杂，华而不实，不能体现对神灵的诚敬，只会令人感到疲惫。

> 若措礼设仪，饰过事生，礼翻人倦，而缯祀之神弗安，非礼也。朕因周旋神所十有一年，见其未当，于是更仪殊式，合祀社稷，既祀，神乃欢。今洪武十二年，合天地而大祀，上下悦。
>
> ——（《明太祖集》卷七《大祀礼成谕中书》）

于是将天地分祀、社稷分祀改为天地合祀、社稷合祀之制。与唐宋礼制相比，洪武时期还简化了许多礼制内容和祭祀流程，先蚕之祀在此时就并未被恢复。这些调整中就包括了一系列关于祭器制度的内容。

明代在建立初期并没有遵循前代制度恢复先蚕之祀，《明会典》中记载："国初无亲蚕礼。"直到嘉靖九年（1530 年）给事中夏言上奏请求恢复亲蚕礼。嘉靖皇帝随即采纳了这一建议，于同年二月，在北郊建先蚕坛，并于建成后的第二个月，举行皇后亲蚕礼。很快嘉靖皇帝以北郊路远不便，无浴蚕水源为由，又下令在西苑西北角再建先蚕坛和采桑台。嘉靖十年（1531 年）三月，新的先蚕坛建成，同年四月，举行皇后亲蚕礼。

祭祀是中国古时一项重要的社会活动。在原始社会就已经出现了祭祀性质的活动，随着人类文明的进步，祭祀制度逐渐得到完善，祭祀各类器用也逐渐产生。《礼记·曲礼》中说："凡家造，祭器为先，牺赋为次，养器为后。无田禄者，不设祭器；有田禄者，先为祭服。君子虽贫，不粥祭器；虽寒，不衣祭服……士大夫去国，祭器不逾竟。"可见，祭器对于古人的重要程度。新石器时代就已经出现陶质祭祀礼器。随着生产力的发展，夏商周时期古人熟练掌握了青铜冶炼技术，各类青铜祭祀礼器应运而生。到了宋代，制瓷技术飞速发展，宋元丰六年（1083年）"详定礼文所言：……非尚质贵诚之义……又簠、尊、豆皆非陶器，及用龙勺，请改用陶，以为勺"（《宋史》卷九八《礼志一》）。自此，瓷质礼器开始被考虑进入国家祭祀范畴，直到南宋初年才真正实行。或是受到宋代开瓷质祭祀礼器之始的影响，明代礼官认为此举遵循传统，符合古意。《明会典》卷一六〇记载，洪武二年（1369 年）定太庙所用祭器皆为瓷质。很快,洪武三年(1370年)这一改变就覆盖到全部国家级祭祀,祭器均采用瓷质。

> 礼部言:"《礼记·郊特牲》曰,'郊之祭也','器用陶匏',
> 尚质也。《周礼·笾人》,'凡祭祀供笾、簋'之实,《疏》曰,
> '外祀用瓦簋'。今祭祀用瓷,合古意。惟盘盂之属,与古簠、
> 簋、簠、登、铏异制。今拟凡祭器皆用瓷。"
> ——《明实录·太祖实录》卷四四

洪武二年(1369年),朱元璋下令宗庙祭器形制依照平日所用器物形制,不必拘泥于古制。

> 上欲在宗庙金器,因谕礼官曰:礼缘人情,因时宜,不必
> 泥于古,近世祭祀皆用古笾豆之属。宋太祖曰:"吾先人亦不
> 识此。孔子曰:'事死如事生,事亡如事存。'其言可法。"今
> 制宗庙祭器只依常时所用者,于是造酒壶盂盏之属,皆拟平时
> 之所用,又置楎椸、枕簟、篋笥、帷幔之属,皆象其平生焉。
> ——《大明实录·大明太祖高皇帝实录》卷之四十三

> 天下州府县,合祭风雷雨、山川、社稷、城隍、孔子及
> 无祀鬼神等,有司务要每岁依期致祭。其坛壝庙宇制度,牲
> 礼祭器体式,用洪武礼制。今列于后:祭器笾豆簠簋俱用瓷
> 碟;酒尊三,用瓷尊爵六,用磁盘;铏一,用瓷碗。
> ——(万历)《明会典》卷九二《群祀四》

这形成明代特殊的祭器制度,除了爵还保留前代礼器形制外,其他祭祀礼器,登、铏以瓷碗代替,簋、簠、笾、豆都均用瓷盘代替,尊则用瓷罐代替,各类祭器只存其名,不存其型,祭器造型均参照日常生活用器形制烧制。

据《大明会典》卷之二百一《工部二十一》载:"(嘉靖)九年,定四郊、各陵瓷器:圜丘青色,方丘黄色,日坛赤色,月坛白色,行江西饶州府如式烧解。计各坛陈设:太羹碗一、和羹碗二、毛血盘三、著尊一、牺尊一、山罍一、代簋簠笾豆瓷盘二十八、饮福瓷爵一、酒盅

四十。"

到了嘉靖时期，各类祭祀祭器依旧按照明初形制，采用瓷碗、瓷盘代替。另外，嘉靖时期在祭祀礼器上做出了一项重大改变，即确立了各郊坛所用祭器的颜色。但是此次新制只涉及四郊祭祀，而其他坛庙祭祀所用祭器仍采用白色，还是规定了相应的颜色，文献并没有明确记载。

礼制的本质是为皇权服务，统治者通过祭祀神祇为天下臣民做出表率，增加仪式感，以稳固政权，加强统治。祭祀制度不拘泥古制也并不是朱元璋一家之说，宋徽宗为《政和五礼新仪》作序中曾写道："复命有司循古之意而勿泥于古，适今之宜而勿牵于今……有不可施于今，则用之有时，示不废古；有不可用于时，则唯法其义，示不违今。"灵活采用古制，以示遵循传统，皇权传承有序，但不被古制所束缚，取之适度，适应当时，才是统治者遵循古制的核心思想。

关于祭祀所用祭器形制用白瓷碗、盘代替是否适宜，要不要遵循古制，是否要考证前代礼器形制规范祭器器型，其实在明代初期就是一直被争论的问题。洪武三年（1370年），礼官在建议"祭器皆用瓷"的同时，也认为"其式皆仿古簠、簋、登、豆，惟箪以竹"。但是很明显，这一建议只采纳了祭器材质全部改瓷的部分，而规范器型的建议未被采纳的原因极大可能仍旧和朱元璋个人务实的思想有关。

宣德皇帝也曾下令考据古制，铸造祭器。

> 朕念郊坛宗庙内廷所在陈设鼎彝，式范猥鄙，不足以配典章，故敕尔工部铸造。昨览进呈，诸种鼎彝深合古制，大洽朕怀，卿等勤劳可嘉，敕赐白金文绮，各升三级俸。其外如应补铸、簠、簋、壶、尊、俎、豆诸器，可仿古范铸造。
>
> ——《宣德鼎彝谱》卷五

根据大臣上奏统计，"应该补铸一应大小鼎、彝、壶、尊、俎、豆、簠、簋、卤簿诸器，合计一万五千六百八十四件"。从嘉靖时期祭器依旧为瓷质来看，宣德皇帝这个想法应该没有被大规模付诸实践。铸造如此数量庞大的铜质祭器，时间周期长，成本高，待宣德铜器铸造之风过后，很难被后代坚持采用。

《嘉靖祀典考》中记载，嘉靖皇帝认为祭祀所用白瓷盘、白瓷碗不能体现对神灵的崇重，但经过了与大臣的一系列讨论之后，以"如再改行，或恐致有误"为由，便放弃了这一想法，仍然选择沿用明初制度。

清代经历了初期的建设与完善，政治和经济都逐渐得到很好的发展，从而统治者逐渐具备完善各种礼制的基础条件。《孝贤纯皇后亲蚕图卷》所绘之时，清代先蚕礼制建设尚未完备，在此次亲祀先蚕之后，关于先蚕祭祀的众多制度才逐步完善。乾隆皇帝时开始对京城皇家坛庙祭祀建筑规格、祭祀礼器，以及祭祀礼仪制度等各个方面都进行了整合和再确定。乾隆十三年（1748年），重新制定了新的祭器制度：

> 定祀典祭器。谕国家敬天尊祖，礼备乐和，品物具陈。告丰告洁，所以将诚敬、昭典则也。考之前古，笾、豆、簠、簋诸祭器，或用金玉，以示贵重，或用陶匏，以示质素，各有精义存乎其间，历代相仍，去古浸远。至明洪武时，更定旧章，祭品、祭器悉遵古，而祭器则惟存其名，以瓷代之。我朝坛庙，陈设祭品，器亦用瓷，盖沿前明之旧。皇考世宗宪皇帝时，考按经典，范铜为器，颁之阙里，俾为世守。曾宣示廷臣，穆然见古先遗则。朕思坛庙祭品，既遵用古名，则祭器自应悉仿古制，一体更正，以备隆仪。着大学士会同该部，稽核经图，审其名物度数、制作款式，折衷至当，详议绘图以闻。朕将亲为审定，敕所司敬谨制造，用光禋祀，称朕意焉。寻议，凡祭之笾，竹丝编，绢裹，髹漆，坛庙纯漆……豆、登、簠、簋。郊坛用陶……登亦用陶。铏，范铜饰金。贮酒以尊。郊坛用陶……日、月、先农、先蚕各坛之爵，社稷、日、月先农、先蚕豆、登、簠、簋、铏、尊，均用陶……凡陶，必辨色：圜丘、祈谷、常雩青，方泽黄，日坛赤，月坛白，社稷、先农黄，太庙登用陶，黄质，饰华采，余皆从白。盛帛以筐，竹丝编，髹漆，亦如器之色，铏式大小深广，均仍其旧。载牲以俎，木制，髹丹漆。毛血盘用陶，从其色。皆由内务府办理。从之。
>
> ——《大清高宗纯皇帝实录》卷之三百六

对于祭器制度，乾隆皇帝做了三个方面的规范：第一，确定各坛庙各类祭器使用的材质；第二，循仿古制考订各类祭器的器型；第三，明确各坛庙所用祭器的颜色。此次礼制改革的结果形成了《皇朝礼器图

式》一书，书中详细记录了每件器物的尺寸、质地、纹样以及使用品级，图文对照，条理清晰。

《皇朝礼器图式》中明确记载了先蚕祭祀祭器制度：

陶爵三，同地坛从位，用黄色瓷。通高四寸六分，深二寸四分。两柱高七分。三足相距各一寸八分，高二寸。腹为雷纹饕餮形。

盏三十，同先农坛，用白色瓷。高一寸八分，深一寸五分。口径三寸五分，底径一寸二分。

登一，同地坛正位，用黄色瓷。通高六寸一分，深二寸一分。口径五寸，校围六寸六分，足径四寸五分。口为回纹，中为雷纹，柱为饕餮，足为垂云纹。盖高一寸八分，径四寸五分，顶高四分，上为星纹，中为垂云纹，口亦为回纹。

铏一，同地坛从位，用黄色瓷。高三寸九分。深三寸六分。口径五寸。底径三寸三分。足高一寸三分。两耳为牲形。口绘藻纹，次回纹。腹绘贝纹。盖高二寸五分，绘藻纹、回纹、雷纹。上有三峰。高九分。饰以云纹，足纹同。

簠二，同地坛正位，用黄色瓷。通高四寸四分。深二寸三分。口纵六寸五分。横八寸。底纵四寸四分。横六寸。面为夔龙纹，束为回纹。足为云纹。两耳附以夔龙。盖高一寸六分。口纵横与器同。上有棱。四周纵四寸八分。横六寸四分，亦附以夔龙耳。

簋二，同地坛正位，用黄色瓷。制圆而椭。通高四寸六分。深二寸三分。口径七寸二分。底径六寸一分。口为回纹。腹为云纹。束为黻纹。足为星云纹。两耳附以夔凤。盖高一寸八分。径与口径同。面为云纹。口为回纹。上有棱四出。高一寸三分。

笾十，同地坛正位，编竹为之，以绢饰里。顶及缘皆髹以漆，黄色。通高五寸八分。深九分。口径五寸。足径四寸五分。盖高二寸一分。径与口径同。顶正圆。高五分。

豆十，同地坛正位，用黄色瓷。通高五寸五分。深一寸七分。口径五寸。校围六寸六分。足径四寸五分。腹为垂云纹、回纹。校为波纹、金钣纹。足为黻纹。盖高二寸三分。径与口径同为波纹、回纹。顶为绚纽。高六分。

《皇朝礼器图式》先蚕坛陶爵

《皇朝礼器图式》先蚕坛盏

《皇朝礼器图式》先蚕坛登

《皇朝礼器图式》先蚕坛铏

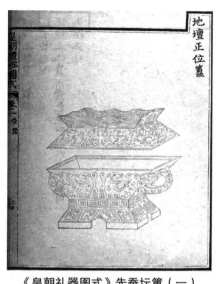

《皇朝礼器图式》先蚕坛簋（一）　　　《皇朝礼器图式》先蚕坛簋（二）

《皇朝礼器图式》先蚕坛笾　　　　　《皇朝礼器图式》先蚕坛豆

尊一，同地坛正位，用黄色瓷。纯素。通高八寸四分。口径五寸一分。腹围二尺三寸七分。底径四寸三分。足高二分。两耳为牲首形。

《皇朝礼器图式》先蚕坛尊

（乾隆）《清会典》卷四十六
先蚕坛陈设图

乾隆皇帝此举使清代祭祀礼制的走向程式化、系统化、等级化，先蚕祭祀祭器制度也被确定下来，所定祭祀制度一直被后世沿用至清朝灭亡。

通过对历史文献的分析，《孝贤纯皇后亲蚕图卷》第二卷《祭坛》中所体现的祭器形制制度可以追溯到明代初期。由于明代祭器制度留存下来的文字资料，尤其是图像资料非常稀少，明代文献也并未像清代文献记载的那样详细、系统，想要明确了解明代真实的先蚕祭器制度还需要我们不断在历史文献中找寻线索。《孝贤纯皇后亲蚕图卷》为研究清初和明代的祭祀制度提供了很好的图像资料，为研究清代承袭明代祭祀制度，在其基础上的再理解、再思考提供了线索。

## 参考文献

［1］吴恩荣. 明初"五礼"体系的重建与唐宋以来的礼制趋向［J］. 史林，2018（6）：59-68.

［2］张光辉. 明初礼制建设研究——以洪武朝为中心［D］. 河南：河南大学，2001.

［3］李媛.明代国家祭祀体系研究［D］.吉林：东北师范大学，2009.

［4］高宪平.明嘉靖时期祭祀用瓷新探［J］.文物，2020（11）：67-78.

［5］陆明华.明清皇家瓷质祭器研究［C］.上海博物馆集刊，1990.

［6］王光尧.清代瓷质祭礼器略论［J］.故宫博物院院刊，2003（2）：
　　70-79.

［7］杨柳粤.清代瓷质祭礼器研究［D］.江西：景德镇陶瓷大学，2020.

陈媛鸣（陈列保管部馆员）

坛庙文化研究

北京古代建筑博物馆文丛 第八辑 2021年

# 历史与文化遗产

# 忆我的老师赵迅先生二三事

不经意间，北京文物局文物考古专家、我的老师赵迅先生，已经故去了五年。

虽然时间在流逝着，而我对赵先生的思念一直未断，曾经的点点滴滴，曾经与老先生相处的岁月，不时地浮现在眼前，思念之情油然而上心头。

## 一

与赵老师的相识，始于 20 世纪 90 年代我供职于本馆的第一个专业工作——筹备"北京文物建筑保护成果展"。那是 1991 年，刚上班不久的我对文博界的前辈并不认识和熟悉，好在有馆领导的指引，要我带着这个临展的初稿，登门拜访家住北海公园对面胡同里的赵先生。在惴惴不安的心情下，我来到了赵先生住的小院，按了会儿门铃，赵迅先生打开了门。我紧张地望着眼前的老人，只见他和蔼而平静，目光里透露着一种祥和的长者之色，刹那间我一颗悬着的心放了下来。"您是赵迅老师吗？"我毕恭毕敬地问道。"我是赵迅，你是……"我赶忙做了自我介绍，讲明来意。于是赵先生请我进入他的小书房，一间平凡而朴实无华的平房内。

坐下后，我向赵先生寒暄了几句，尤其转达馆领导对赵先生的问候，赵先生微笑了一下，问道："你们馆长目前忙什么呢？"我于是把正在筹备临时展览的事对赵先生叙述一番。赵先生说，你们领导给我的电话里，谈到古建馆正在打算把新中国成立以来，尤其改革开放以来北京市做的文物保护的各项成就进行归类整理并编制大纲，准备合适的时候推出展览，以图片加文字的叙述形式展出。我赶忙说：的确如此，我就是受馆长委托，专门拜访赵先生来的，一是把编制好的大纲文稿带过

历史与文化遗产

来，请赵先生过目提提看法；二来也想请赵先生提供一些图片底片，作为我们展览的素材。我还特别提到馆领导交代我的赵先生的特色，说赵先生是文物局文物工作队老领导，拍摄了不少各处文物景点的彩色底片和彩色正片，图片资料丰富。赵老师笑着说："你们馆长又夸我，我照片是有一些，有当年的工作照，也有点我自己的随便拍拍。如果你们能用就好，因为不全是专业摄影，可能感觉不是很到位，你们馆长看到后不嫌弃就好。"听了这话，我感到了一股暖流涌上心头。我知道，这是赵先生的自谦，但这何尝不是一个老文物工作者的谦逊本色的流露呢！想到当时古建馆草创初期，百废待兴的感觉是我至今都不能忘记的，渴求各界相助的期盼之情也把我深深感染。赵先生的话，对我来说像春天的甘露，滋润了我的心田。我调整了下心态，对赵先生表示了深深感谢后，简单向赵先生叙述了一下这个临展结构，以及各部分主要的体现内容。赵先生慢慢听着，话语不多，针对其中几个地方的文字表述用词和举例的前后次序提出修正想法，语气缓和平稳，我静静地听着，并认真记录下来。最后，赵先生说，这个文字大纲，他再看看想想，过些天把还可能提出修改意见的地方圈出来后，将大纲给我寄过去，并且说，今天可把他挑出来的底片先带走，简单打个收据就可以，不用急着还。我于是再次感谢赵先生后，带着资料踏上归途，告别了一直把我送到门口的赵先生。

第一次与赵先生的接触相识，赵先生的平易近人和沉着稳重、用词准确，给我留下了深深的印象，仿佛认识很久的老专家，毫无违和感。我对赵先生的亲切之情，由此油然而生。

二

从 20 世纪 90 年代初期开始，我的注意力很大一部分都放在查阅北京先农坛历史文献上。随着工作的初见成效，馆里有了举办"北京先农坛历史沿革展"的想法。1993 年，这个想法确定下来，我便开始"为了忘却的纪念——北京先农坛历史沿革展"大纲的编写。在这过程中，馆里提出是否去天坛考察一下当年民国坛庙管理所撤销时移交天坛的先农坛祭祀礼器。馆领导甚至告诉我，80 年代时老的坛庙管理所职员还在世，据说地坛还跟这位老员工有过接触。那时这些对于我来说有些天方夜谭，我几乎听得神乎其神的，加上认识的业内人士也不多，并没有

放心上。不过，对于当年坛庙管理所撤销时向天坛移交文物的文件，我却因为在查到后而有了一种迫切想见到他们的冲动。于是，馆领导带着我专程来到天坛，拜见了那时天坛的景长顺副园长和徐志长总工程师。景园长和徐工肯定地告诉我们：文物，尤其那些祭祀用的瓶瓶罐罐，的确是在天坛的文物库，具体是南神厨库房。这些年，其中有些被地坛调走了，因为都是园林系统，比较方便的就办了手续，可能潭柘寺办什么活动时也给要走一些，其余的就没动过。景园长说，这个事如果想合作，肯定双方的上级管理部门要有个公函来往，具体咱们接触，都好说。天坛这边交给文物科经手办理，古建馆这边可以自己妥当安排。初次接触的成功，馆里有了较为踏实的底气。

不过，比较奇怪的，是其后过程卡在了文物科，他们的负责人一口咬定天坛没有什么先农坛的东西。为此，馆领导和我又私下跑了一趟祈年殿，在景园长打过招呼后，由天坛的工作人员带着进入祈年殿内，有序地查看了每件礼器的底部标签——那是当年民国坛庙管理所的统一编号，看到标签上写着"先×××号"字样。虽然器物是蓝色的，但说明都有民国标志，统一归在先农坛管理，是有序可查的。当然，我们还想查看南神厨库房，但那位文物科负责人的权力似乎比副园长还要强势，始终就是不给我们提供方便。

突然有一天，馆领导提到一个信息，说赵迅先生正给天坛当顾问，那位天坛文物科负责人号称是赵迅先生的徒弟。能不能请赵先生帮忙呢？于是，赵先生被邀请到古建馆，馆领导叫上我一起和赵先生谈论此事。赵先生说：先农坛近代以来历史比较混乱，经历了太多的沧桑，没有哪个坛庙像先农坛受到这样厉害的摧残，你们正在逐步整理先农坛的历史，合适的时候把属于先农坛的器物要回来也在情理中。天坛这几天聘我当顾问，主要是他们正编制志书，文物科让我帮忙理顺一些事，我和他们提提这事，因为不是你的东西，拿着也不好举办相符合的文化内涵展览，还不如物归原主的好。大家听了赵先生的一席话，都表示感谢，也有了期盼。

为了这事，馆里还让我再找赵先生聊聊。我根据清乾隆《皇朝礼器图式》查的结果，写了一份单据，贴上了复印图像，来到赵先生家里，把这个资料交给了赵先生。赵先生很坦白地说，天坛文物科负责人态度比较坚决，如果你们找了他们园长和徐工都未能成功的话，说明阻力很大。最后建议文物局和园林局上层进行协调，就像馆里做了的推进一样先推进做着，他从个人角度把工作也做做，尽最大努力吧。

后来听说，这个事还是没能进行下去，两个管理局都有了文件交往，执行还是要下面落实的。虽然赵先生做了自己的努力，但那位针插不进、水泼不进的文物科负责人坚决否定，事情就这样搁浅在这里。这事应该算是先农坛历史文物追缴失败的案例吧。

不过我们还是很感谢赵迅先生，因为老先生每次莅临天坛指导时，总自己骑着自行车不辞辛苦，拿着我们准备的资料认真地有礼有节地跟天坛相关人员交涉，尽到了自己最大的努力。很多年后我和赵先生偶然提起此事，赵先生对那位能人连连摇头，对其人的所谓"执着"也深感奇葩，不明就里。

三

2000年时，馆里申报了整理先农坛史料的文物局课题。作为开题会特邀专家，赵迅先生也来到先农坛拜殿的会议室，和众多局内外专家一起听取了我做的开题汇报。从这时起，赵先生就成为我经常请教课题问题的导师。2002年，课题结题后，打算编辑成册出版。不巧的是，因为馆里部门调整和基本陈列改陈，资料后续整理甄别工作一直交给他人代为进行，结果不尽如人意。有鉴于此，在结题后的第二年还是由我继续全责推进着这项工作。标点校对、文献打字、字句核校……每一项细致的工作在慢慢进行着。这个时候，我又找到赵迅先生，想请老先生给将要付梓的读物提些意见。

目录和整体说明以及书稿寄到老先生家后，赵先生用了些时间思考，要我去了几次，把调整意见和我谈了谈，并把撰写的后记给了我，然后将书稿里能看到的问题一一指正出来。我对赵先生的帮助十分感谢，而赵先生却认为，这是举手之劳，谈不上感谢，要我把史料编纂出版作为先农坛整体研究的全新开始，解构资料、分析资料后面蕴含的历史信息。老先生对我们几位同志孜孜不倦的整理工作表示钦佩，说他自己80年代初期在文物工作队时对先农坛的考察，至今记忆犹新，看到昔日一座皇家坛庙破败成垃圾场一样的状态，特别痛心，认为先农坛的历史历来都是被忽视的，最主要的原因就是新中国成立后这里成了学校，人们慢慢地忘记了这里曾经是个公园，更对这里的文化内涵极度陌生，不像天坛、地坛、日坛、月坛那样还是以公园开放，也就能够让人们知道这些文物古迹建筑的面貌。老先生感叹，要是你们今天还没把先农坛保护起来加以修缮的话，可能先农坛将彻彻底底变成谁也不知道的地方，虽然文物局知道，但那毕竟是小众，不是人民大众知道，想打开知名度还是个艰难的过程。

老先生并不健谈，话语不多，但见到我时，老人家格外亲切，因为知道正是我的不厌其烦，先农坛这座历史文化遗址正在发生改变并显现出其内涵，因此抱着极大的热忱和我交换着看法。这也客观上给了我要继续把先农坛的研究工作持续推进的动力，从老先生坚定的语气中，我体会到了这种力量，深受鼓舞。

赵老先生朴实无华的语言，让我看到一位老文物工作者脚踏实地的实事求是的作风，这也是我们文物界要永远秉持传承的优良传统。

# 四

奥运会进入倒计时以后，赵老先生精神似乎有了新的变化，似乎变得更爱笑了。家里平房翻新后，老先生的书房要比以前明亮，每日坐在书桌旁，总要整理一下他原来的工作卡片。跟我们通常认知的其他老人不同，老先生一年四季都较贪凉，数九寒天喝冷水毫无不适，房间地面铺着水磨石砖，比较凉腿，连我这刚过 40 的人也承受不了，但老先生就穿着拖鞋，丝毫没有怕凉的样子，一坐就是一上午，看着自己喜爱的卡片。老先生开玩笑地说，这要归功于年轻时的折腾，当初 20 世纪 50 年代末时，他和文物工作队另外两位先生（明史和考古专家赵其昌先生、考古专家刘之光先生）在冬季没完没了地溜冰，玩得不亦乐乎，可能早就凉透了，所以现在对寒冷不敏感。话虽这样说，我却想到这是过去的比较贫瘠的生活历练了老先生笑对生活的心态，大风大浪中岿然不动，坚持着自己的理想，用接地气的方式为文物实业做着奉献的体现。

我想，今天的人少有这种朴实无华的境界。

奥运会结束后，我想起之前赵老先生的鼓励，觉得肩上的担子虽然重，但我还是要负重前行，才对得起老先生的鼓励。

有一日我去拜访老先生，谈到西山大觉寺的工作中，尤其赞赏他们出版的《大觉禅寺》一书，觉得比较通俗，用时间线串起来很多内涵，插图也不少，关键是体量控制得当，不是长篇累牍的样子，而是易懂通俗。我当时带过去一本大觉寺朋友寄给我的这本书，让老先生看看感觉。老先生风趣地说，孙二娘（当年对大觉寺负责人的文物局内通俗称呼）能折腾啊，做到这一步相当不容易，能亲自上阵讲解，也算是首屈一指了。我当时灵机一动问老先生，我能不能也仿照这本书的结构，做个先农坛的读物呢？没想到赵老先生当即鼓励我去做，说有了想法基本就是在资料基础上的思想里成型了，如果觉得条件适合，可以把资料的运用分阶段进行，也就是分阶段地推出成果，不要让成果烂在肚子里不能面世。老人还具体举出实例，作为他所提倡的论点证据。

老先生这次提出的原则，没想到竟然成为我日后一直坚持解构先农坛并进行成果出版的原则。

务实的思维，使我进一步加深了对老先生的敬佩之情。

旋即，我召集了两位志同道合的同事，我们一起整理了思绪，很快讨论出一个目录，根据个人的长处分配了内容，开始了写作。

两年后，书得以出版，这就是《先农神坛》。

此后，又再接再厉，在赵老先生鼓励下换了一种体例，又写作出版了《北京先农坛》，和之前出版的《北京先农坛史料选编》《先农神坛》一起，完成了赵老先生推荐的北京先农坛读物三部曲。这是北京先农坛研究史上的一个重要系列，构成了相对齐全的历史文献研究与资料集。

老先生说，你们不是古建研究所，不用搞人家的专长，你们就搞你们能做的，以己之长对人之短，这样时间长了才能步步为营，研究才能扎实。至于古建研究所那一方，你们可以联合做些短平快的小课题，不着急，发挥他们的专长以解决你们自己的问题。

这些原则，成为一直以来我和很多同事探究先农坛历史文化内涵的一个指导思想，亦即知己知彼、共生共存、共同进步。

那一年《北京先农坛》出版前，赵老先生除了像以往一样审核了书稿，给书做了后记或者序言外，还兴致勃勃地挥毫题写了书名。

# 五

转眼间又过了几年。古建馆的基本陈列"中国古代建筑展"第二次改陈完成，总算是长出一口气。因为改陈工作的繁重，精神上也需要一段时间放松。

2012 年的夏天，我和我的古研所好友像往常一样，吃了午饭后在一起讨论些感兴趣的事，只不过这天溜达后在我的办公室小坐了一会儿。由于共同的爱好，谈着谈着，谈到了北京北海幼儿园。话语中我们都感到，虽然我们对这处前清时期祭享先蚕嫘祖之神的坛庙遗址都有些了解，但却又都倍感神秘，除了从未进去一睹真容外，甚至觉得周围的文博工作者也极度陌生这个地方。想不到，闹市之中竟然有这么个昔日皇家坛庙距离我们是如此之近，又是如此之远。

我们谈论着先农和先蚕史料文献的联系，越说越有兴致，在谈论到"通常情况下，先农和先蚕的资料在文献中是前后次序的存在"，"我本人在多年查找先农资料时，顺带也把先蚕的资料整理了一些"，以及古研所有同志曾经给北海幼儿园做过勘察设计，有相关建筑技术资料后，我们一直认为：这还不够吗？这不等于把写作一本先蚕坛的书籍资料都基本整理可以了吗？

此时不做，更待何时呢？

就这样，搭着先农研究写作告一段落的顺风车，不经意间开启了继续探究中国古代农桑祭享研究的第二站——先蚕研究。没想到，一切条件都已初具规模。

跟赵老师约了一个时间，大致是 9 月的一天，我和古研所的朋友一起来到赵迅老先生家，向老先生告知我们的决定。老先生坐在窗前的书桌前，笑着说：怎么，又琢磨上先蚕坛了？你俩可能不知道，我还给北海公园做过顾问。我们听了一阵欣喜，刹那间感到这赵老先生就像我们的福星一样。我对老先生说，谁让您神通广大呢？我们所做的一切，都是托您的帮助才取得成果。赵老先生转了一下椅子，回过身对我俩说，北海公园有个退休总工程师袁世文，是北海的老人了，知道先蚕坛的一些事，但年岁太大，你俩有要了解的，要赶紧去联系，否则等不及见面了。我赶忙打趣说，袁世文老师我们知道，他十几年前给我们馆捐献过一块汉代空心砖，我知道袁老师。赵老先生半催促道，反正赶紧，人时间不多了……

当然，我们日后很快约了袁世文老师，赶到袁老师北海公园东侧的胡同家中，跟袁老比较详细地了解了一些当年他对先蚕坛的碎片式记忆和描述，尤其说 20 世纪 50 年代时坛内还有一百几十棵桑树的历史信息尤为重要，因为老爷子是公园的园林工作者，对一花一木的职业记忆十分清晰。同时，袁老也对坛内几处建筑的消失时间提供了自己印象中的时间节点。

2013年的书稿写成后，赵老先生还是像以往一样审阅了稿子，修改了一些地方。当时还是春天，我又和古研所的朋友一道来到赵老先生家，有感于这几年有劳赵老先生相助提携，我们带了不少慰问品，老先生看后说到，你俩也趁着我明白多来看看我、聊聊天就挺好，东西就不用带了，你看我那边地上放了不少，时间长也吃不完，还变质了，这不浪费嘛。我们关切地希望赵老先生穿厚点，毕竟室内是砖铺地，吸热，室温并不很高。可老先生还是一如既往地穿着不紧，精神抖擞，甚至还在示意我们看他的饮水瓶，就是一瓶凉水。我们笑对老先生说，您这身体，铁打的。当听说我们想找著名文物保护专家谢辰生先生题个书名时，赵老先生说他和谢辰生先生许久没见了，让我们代为问候，同时也让我们把写这个书的意义、目的陈述给谢老，请谢老提点要求，"谢老是郑振铎的秘书，见识广"。

2014年，《北京先蚕坛》出版了，赵老先生拿到书后，再一次鼓励我说，目前先农、先蚕我这里都做了，以后有机会可以联合起来，搞个关于中国古代农桑的集成式展览，先农好在开放了，但先蚕一直闷在葫芦里，没几个人知道，需要你们这些后来者不断宣扬才能不被人遗忘。

# 六

2016年元月，赵老先生仙逝，没等到我的先农研究专著《先农崇拜研究》的出版，仅仅相差四个月。我这部献给赵迅老先生的书，也因此成了圆满老先生对我20几年来的关照与提携帮助之作，虽然老先生没等到出版这一天，不过我还是提前将这个决定告诉了老先生，赵老先生知道我的心意，坦然应允的同时，脸上露出了长者对后生的赞许和满意的笑容。

这一刻，也就永远停留在了我的记忆深处，成为今后回顾走过道路时一个永志不忘的精彩人生的高光时刻。

董绍鹏（陈列保管部研究员）

# 清代祭祀礼乐文明考辨

## 一、坛庙与礼乐制度

古都北京，历经五朝，不仅有紫禁城的壮美，还保留着我国古代国家最重要的祭祀建筑。清承明制，据《皇都积胜图》考，清代有"九坛八庙"之说，分别为：天坛、祈谷坛、先农坛、太岁坛、社稷坛、地坛、日坛、月坛、先蚕坛、太庙、奉贤殿、传心殿、寿皇殿、孔庙、历代帝王庙、堂子、雍和宫。礼乐和祭祀活动密切相关，礼常常与"乐"相关联，合称"礼乐"。礼表而乐里，"乐以治内而为同，礼以修外而为异；同则和亲，异则畏敬；和亲则无怨，畏敬则不争。揖让而天下治者，礼乐之谓也。二者并行，合为一体。畏敬之意难见，则着之于享献辞受，登降跪拜；和亲之说难行，则发之于诗歌咏言，钟石管弦"。可以说祭祀是礼乐的起源和最重要的组成部分，而礼乐与祭祀必离不开祭祀场所，也就是坛庙，所以说，三者缺一不可。早在周代，周公总结前代经验，"制礼作乐"，后来被称作"周礼"或"周公之典"，实行礼乐教化，开创了周朝盛世，其思想与制度被后世所继承，产生了深远的影响。

## 二、祭祀礼乐——中和韶乐

### （一）中和韶乐名称的形成

中和韶乐源于雅乐，又名郊庙乐，"中和韶乐"一词，来源于明洪武年间，但此名称并非是明初所创造，早在先秦古籍中就有记载。有的记为乐名，有的记为舞名，这是因为最初多是乐、歌、舞合并，但有时也是分开的。

## 1. 韶乐

《左传》襄公二十九年所记季札观乐、论乐之事，鲁国为季札歌唱了十六种乐，唯独没有韶乐，而后来观舞时，才出现"见舞《韶箾》者"。但古人注，皆谓"韶"为舜乐名。所以，"韶"也是乐名。

《孔子在齐闻韶》载：

> 孔子至齐郭门之外，遇一婴儿挈一壶，相与俱行，其视精，其心正，其行端，孔子谓御曰："趣驱之，韶乐方作。"孔子至彼闻韶，三月不知肉味。故乐非独以自乐也，又以乐人；非独以自正也，又以正人。大矣哉！于此乐者，不图为乐至于此。

该文侧面表现了《韶》乐的教化作用，在这里"韶"均为乐名。其中，孔子言"韶乐方作"，说明春秋时代已经有"韶乐"这个名称。

## 2. 中和

"中和"一词，在《礼记》《周礼》中都有记载，但都不是乐名。例如，《荀子·劝学》载：

> 学恶乎始，恶乎终？曰：其数则始乎诵经，终乎读礼；其义则始乎为士，终乎为圣人，真积力久则入，学至乎没而后止也。故学数有终，若其义则不可须臾舍也。为之，人也；舍之，禽兽也。故书者，政事之纪也；诗者，中声之所止也；礼者，法之大分、类之纲纪也。故学至乎礼而止矣。夫是之谓道德之极。礼之敬文也，乐之中和也，《诗》《书》之博也，《春秋》之微也，在天地之间者毕矣。君子之学也，入乎耳，着乎心，布乎四体，形乎动静。端而言，蠕而动，一可以为法则。小人之学也，入乎耳，出乎口；口耳之间，则四寸耳，曷足以美七尺之躯哉！古之学者为己，今之学者为人。君子之学也，以美其身；小人之学也，以为禽犊。故不问而告谓之傲，问一而告二谓之囋。傲，非也，囋，非也；君子如向矣。

该文中"乐之中和也"，此句是对古乐的赞美，也不是乐名。直到唐贞元年间，因为皇帝自制《中和乐舞》曲奏之，才出现"中和乐"一词。

此后多有所见，不过，明朝之前，始终没有出现过"中和韶乐"之名。

## （二）中和韶乐的性质

清代将中和韶乐列为最高等级，但而后对其性质并无明确的记述。《皇朝通典》卷六十三载，康熙五十四年南郊大祀，"正律吕，凡乐制、乐器、乐歌，皆经亲定制度，得中以是月南郊大祀为始，嗣后各祭祀、朝会、典礼，并用钦定雅乐"。《清通考》载：乾隆七年"厘定雅乐，凡坛庙祭祀乐章，皆经御定"。清代各个坛庙大祀、中祀的礼乐均只用中和韶乐。实际上，顺治元年已定祭祀、朝会用中和韶乐，因康熙、乾隆两次钦定乐器、乐章，才再次明确中和韶乐的使用场合，并加上雅乐一词。至乾隆二十六年（1761 年）仿古代宫悬，做成十二镈钟和十二碧玉特磬以后，再次明确"酌古准今，允为宫悬雅乐之定制焉"。镈钟、特磬皆专在中和韶乐中使用，在此又称"宫悬雅乐"，可见在清代，"宫悬""雅乐""中和韶乐"的概念是相通的。

## （三）关于雅乐

> 昔葛天氏之乐，三人操牛尾，投足以歌八阕：一曰载民，二曰玄鸟，三曰遂草木，四曰奋五谷，五曰敬天常，六曰达帝功，七曰依地德，八曰总万物之极。
>
> ——《吕氏春秋·古乐》

古时候，葛天氏的音乐，就是三人拖着牛尾巴，扭扭臀、弹弹腿，唱着八阕歌，以此来向上天行贿。说明这个时代，是不分雅、俗的。后来，随着社会的发展，在先秦典籍中才逐渐出现了雅乐与淫乐、韶乐与郑声、古乐与今乐、先王之乐与世俗之乐等对立的概念，后概括为雅乐与俗乐两个概念。

### 1.各个时期各家对乐、雅乐的解释
（1）"乐"是有利于政权巩固的一项措施。

> 礼以道其志，乐以和其声，政以一其行，刑以防其奸。礼乐刑政，其极一也，所以同民心而出治道也。
>
> ——《礼记·乐记》

儒家认为"乐"并不是供人欣赏的艺术，而是教化人、统治人的工具。

> 治世之音安以乐，其政和；乱世之音怨以怒，其政乖；亡国之音哀以思，其民困。声音之道，与政通矣。
>
> ——《乐记·乐本》

同时，儒家还把音乐看成是一个国家治、乱的标志。

孔子弟子子夏，在回答战国初期的魏文侯的提问时，曾对古乐、今乐有具体的描述：

> 今夫古乐，进旅退旅，和正以广，弦匏笙簧，会守拊鼓。始奏以文，复乱以武，治乱以相，讯疾以雅。君子于是语，于是道古，修身及家，平均天下，此古乐之发也。今夫新乐，进俯退俯，奸声以滥，溺而不止；及优侏儒，獶杂子女，不知父子。乐终，不可以语，不可以道古。此新乐之发也。
>
> ——《礼记·乐记》

儒家对"声""音""乐"是分三个层次来解释的，他们认为"声"是能听到的任何一种响声，连禽兽都能知道；"音"是合于律、吕，能构成旋律的声音；既可以发声，还可以和律、成曲，还能包含政治意义的才是"乐"。按照该原则，子夏所说的新乐，只不过是郑卫之"音"，而不是"乐"。所以子夏认为魏文侯问的是"乐"，而他所好的只是"音"。

> 魏文侯问于子夏曰："吾端冕而听古乐，则唯恐卧。听郑卫之音，则不知倦。敢问古乐之如彼，何也？新乐之如此，何也？"
>
> ——《乐记·魏文侯篇》

所以才问古乐、新乐为何如此之不同。从这里也可以看出，雅乐在当时只有孔子这样有高度修养的人听了，才会"三月不知肉味"。

孟子对乐则有另外一种说法。

庄暴见孟子，曰："暴见于王，王语暴以好乐，暴未有以对也。"曰："好乐何如？"

孟子曰："王之好乐甚，则齐国其庶几乎！"

他日，见于王曰："王尝语庄子以好乐，有诸？"

王变乎色，曰："寡人非能好先王之乐也，直好世俗之乐耳。"

曰："王之好乐甚，则齐其庶几乎！今之乐犹古之乐也。"

曰："可得闻与？"

曰："独乐乐，与人乐乐，孰乐？"

曰："不若与人。"

曰："与少乐乐，与众乐乐，孰乐？"

曰："不若与众。"

"臣请为王言乐。今王鼓乐于此，百姓闻王钟鼓之声、管籥之音，举疾首蹙頞而相告曰：'吾王之好鼓乐，夫何使我至于此极也，父子不相见，兄弟妻子离散。'今王畋猎于此，百姓闻王车马之音，见羽旄之美，举疾首蹙頞而相告曰：'吾王之好田猎，夫何使我至于此极也？父子不相见，兄弟妻子离散。'此无他，不与民同乐也。

"今王鼓乐于此，百姓闻王钟鼓之声、管籥之音，举欣欣然有喜色而相告曰：'吾王庶几无疾病与，何以能鼓乐也？'今王田猎于此，百姓闻王车马之音，见羽旄之美，举欣欣然有喜色而相告曰：'吾王庶几无疾病与，何以能田猎也？'此无他，与民同乐也。今王与百姓同乐，则王矣！"

——《庄暴见孟子》

该文记录了一次他与齐王谈乐，齐王首先有些惭愧地说："寡人非能好先王之乐也，直好世俗之乐耳。"孟子反倒说："今之乐犹古之乐也。"意思是只要"王之好乐甚"，齐国就能强盛。但他指的是好乐的另外意义，他向齐王说："今王鼓乐于此，百姓闻王钟鼓之声、管籥之音，举疾首蹙頞而相告曰：'吾王之好鼓乐，夫何使我至于此极也？父子不相见，兄弟妻子离散！'……此无他，不与民同乐也。"假使今王鼓乐于此，百姓听到后，"举欣欣然有喜色而相告曰：'吾王庶几无疾病与，何以能鼓乐也？'……此无他，与民同乐也"。

孟子在这里强调了乐的政治意义，没有说明他所推崇的是先王之乐还是世俗之乐；但从他谈乐时所引孔子"恶郑声，恐其乱乐也"看来，这与民同乐的"乐"，绝对不会是"郑声"。再从齐王见到他时先以"好世俗之乐"表示惭愧，也正说明孟子是先王雅乐的积极推崇者。

关于雅乐的内涵，先秦时以为"先王以作乐崇德，殷荐之上帝，以配祖考"。舜的韶乐，也是能继承尧的德政，所以司马迁总结"故乐者，圣人之所以感天地、通神明、安万民、成性类者也"。当今看来，这不过是人赋予乐的一种意念，事实上雅乐或先王之乐都不能起到如此大的作用。

（2）"乐"所表达的内容要符合统治阶级的伦理标准。春秋以及战国两汉以后的儒家为什么十分厌恶郑卫之音、世俗之乐？主要原因是认为其内容与统治阶级的伦理道德相违背。

> 郑国之俗，有溱洧之水，男女聚会，讴歌相感，故云"郑声淫"。
>
> ——《五经异议·鲁论》

到明嘉靖年间，在《五经异议》礼部主事明确提出："乐之邪，在正词，不在律。"他的基本看法，仍与儒家一致。

（3）雅乐应该是合于律吕的"正声"。乐音上区别雅乐、俗乐，历代音乐言论都有论述。

> "凡建国，禁其淫声、过声、凶声、慢声。"注："淫声：若郑、卫也；过声：失哀乐之节；凶声：亡国之音，若桑间、濮上；慢声：惰慢不恭。"这些都不属于雅乐、正声。
>
> ——《周礼》

关于正声的含义，《周礼》并未直接阐述，但在规定大司乐教国子乐舞的职责中有"六律、六同、五声、八音、六舞、大合乐"等，并规定用此乐舞，"致鬼神，以和邦国，以谐万民，以安宾客，以说远人"。大司乐所教的乐舞，有如此大的威力，当然是严肃的雅乐。

（4）雅乐不能繁杂。宋元年间，太常寺官杨杰曾议当时大乐有七失。

歌不永言，声不依永，律不和声。

——《宋史》卷八十一

指出："今歌者或咏一言而滥及数律，或章已阕而乐音未终，所谓歌不永言，其中一失即也。请节其烦声，以一声歌一言。"

每一字下，辄用五六工等字，试以五音分注，未免一字下而有数音，是又援雅而入于繁靡也。

——《清实录乾隆朝实录》

说明清乾隆也持相似之说，他认为《乐律全书》中所载歌诗乐谱，曲调虽能悦耳，但"几与时曲、俗剧相似"。因此他对中和韶乐"精加厘正，俾一字各还一音"。认为只有这样，在祭祀和朝会大典中才能庄雅。

（5）雅乐要保持"中声"。《国语》云："道之以中德，咏之以中音。"

圣人作乐以纪中和之声，所以导中和之气，清不可太高，重不可太下，必使八音协谐、歌者从容而能永其言。镇等因请择李照编钟、编磬十二参于律者，增以王朴无射、应钟及黄钟、大吕清声，以为黄钟、大吕、太簇、夹钟之四清声，俾众乐随之，歌工咏之，中和之声，庶可以考。

——《宋史》卷八十一

宋儒亦认为当时宫廷音乐中，用编钟十六枚，包括十二正律和四清声，但是律音过高，歌者难以追逐，所以四清声搁置而不用。

夫音亦有适：太巨则志荡，以荡听巨，则耳不容，不容则横塞，横塞则振；太小则志嫌，以嫌听小，则耳不充，不充则不詹，不詹则窕；太清则志危，以危听清，则耳溪极，溪极则不鉴，不鉴则竭；太浊则志下，以下听浊，则耳不收，不收则不抟，不抟则怒。故太巨、太小、太清、太浊，皆非适也。

——《吕氏春秋》

元祐三年（1088年），范镇又作新乐编钟十二，并作《乐论》，认为用四清声,"与郑、卫无异"。不仅宋代,先秦时追求"中音""中声",也有"太巨、太小、太清、太浊,皆非适也"的思想。

（6）雅乐中不能用俗乐乐器。

> 八月,大司乐刘昺言:"大朝会宫架,旧用十二熊罴按,金镈、箫、鼓、鬵簴等与大乐合奏。今所造大乐,远稽古制,不应杂以郑、卫。"诏罢之。
>
> ——《宋史》志第八十二《乐四》

他把十二熊罴按上所用乐器视为演奏郑卫之音的俗乐乐器,宋徽宗接受了他的建议,从宫悬大乐中取消了十二熊罴按。

## （四）雅乐的特征

第一,内容要符合封建的伦理要求,也就是说要为当时的政治服务,维护统治阶级的利益服务;

第二,乐音必须符合律吕"正声"和"中声"的要求;

第三,乐曲要平和,节奏不能太快,曲调要简单、严肃,不能繁杂;

第四,如果与以上原则相反,即被认为是"郑卫之音""亡国之音""世俗之乐"。清代的祭祀礼乐,也就是中和韶乐,虽然与古乐有很多不同,但基本上原则相同。

# 三、清代祭祀礼乐中乐器和乐队的来源

## （一）祭祀礼乐中乐器的来源

清代的中和韶乐乐器,是由金、石、丝、竹、匏、土、革、木这八种材料所制成的乐器,又称八音,共计16种,每种乐器在重要的祭祀典礼中依据等级的不同用一至八件不等,有多有少,但种类都是一样的。

> 又祭先农,设于坛下,东西分列,镈钟、特磬用《姑洗》,余与北郊同。
>
> ——《清会典事例》

其中，金属：镈钟、编钟；石属：特磬、编磬；丝属：琴、瑟；竹属：排箫、箫、笛；匏属：笙；土属：埙；革属：建鼓；木属：柷、敔。清代的中和韶乐，乐器基本上沿用了明代旧制，所不同的只是明代无镈钟、特磬，其余个别乐器只是名称和数量上的差异。

金属：

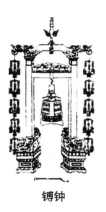
镈钟

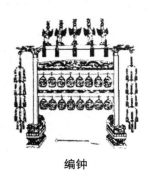
编钟

石属：

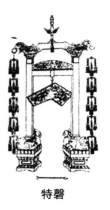
特磬

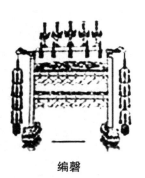
编磬

丝属：

琴

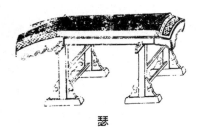
瑟

竹属：

排箫　　　　　　　箫　　　　　　　笛

匏属：

笙

土属：

埙

革属：

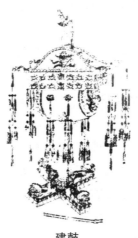

建鼓

木属：

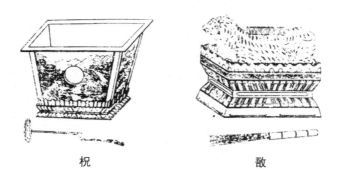

柷　　　　　　　　　敔

清代祭祀礼乐所采的中和韶乐的乐器，其来源无一件是明清所独创。其中有十一种在《诗经》《吕氏春秋》《荀子》《周礼》《礼记》等先秦古籍中有记载，另三种在《尚书》《周礼》中也有记载。在出土的实物中，浙江河姆渡遗址中出土了一个吹口的埙，西安半坡遗址出土了多件多孔的埙，河南舞阳县贾湖遗址出土了一批能奏出音阶的竖吹七孔猛禽骨骨笛，战国曾侯乙墓出土了编钟、编磬、建鼓、琴、瑟、笙、排箫等，与清代中和韶乐乐器只是形制有所不同。

## （二）祭祀礼乐中乐队的来源

清代的中和韶乐乐队虽然沿袭了明制，但并非始于明代。《尚书》所记"八音克谐"，《周礼》所记"播之以八音"，都不是单独的乐器演奏，而是众乐齐鸣的乐队。既然清代的中和韶乐十六种乐器中，有十四种与先秦乐器基本相同，因此，我们可以把先秦"八音克谐"的乐器看作清代中和韶乐的雏形。从文献中看，清代的中和韶乐乐队形成与"乐悬""登歌""下管"相关。

"乐悬"，据《周礼》载，当时王、诸侯、卿大夫、士都可以设置，只是因为等级不同而规模各异；都以悬于架上的编钟、编磬的多少为标志，再配上其他乐器，并要符合"六律六同"："文之以五声：宫、商、角、徵、羽"；"播之以八音：金、石、丝、竹、匏、土、革、木"。

"登歌、下管"，《周礼》载："大祭祀，帅瞽登歌，令奏击拊。下管，播乐器，令奏鼓鞁。"汉郑众注："登歌"，"歌者在堂也"；"下管"，"吹笛者在堂下"。《礼记》："歌者在上，匏竹在下。"根据文献记载，有乐悬（包括下管）和登歌两个乐队。

### （三）明清祭祀礼乐乐器与规模的差别

清代的中和韶乐，因为承袭明制，在种类和规模上基本一样，但也有差别，例如每种乐器的尺寸和所用件数，清乾隆时增加了镈钟、特磬，而明朝没有；清朝的建鼓，明朝称为应鼓，但形制很相近；明排箫前后盖板两侧成内弧状，而清代则成外弧状，两足内收，再向外卷出；差别较大的有编钟、编磬，明代用十二正律加四清声，清康熙改律为十二正律加四倍律。综合上述情况来看，清代的中和韶乐的乐器是乐悬与登歌的缩型，更多成分倾向于古代的登歌。

# 四、清祭祀礼乐乐曲风格的探索

## （一）从歌词上探索风格

从祭祀歌词上看，先秦从《诗经》中看到祭祀所用礼乐多存在于《雅》《颂》部分，基本上是四言古诗；汉郊祀歌词有三言、五言、七言诗及仿《离骚》体，唐祀圜丘乐歌偶见仿《离骚》体，宋、金、元祭祀为四言古诗。

明代的中和韶乐的歌词分为三种形式：仿《离骚》体、四言古诗以及新出现的仿宋词的长短句。祭祀歌词多为仿《离骚》体与四言古诗混用。在祭祀宗庙、孔庙等歌词中只用四言古诗。

清代的中和韶乐歌词，仿《离骚》体与四言古诗和仿宋词的长短句不再混用，在祭祀圜丘、方泽、社稷等大祀中均用仿《离骚》体；在祭祀太庙、先农、孔庙时用四言古诗；在祭祀先蚕、关帝庙时用长短句。

祭乐

祭先农乐章

一乐章

洪武二十六年定。

迎神

东风启蛰，地脉奋然。苍龙挂角，烨烨天田。民命惟食，创物有先。圜钟既奏，有降斯筵。

奠帛

帝出乎震，天发农祥。神降于筵，蔼蔼洋洋。礼神有帛，其色惟苍。岂伊具物，诚敬之将。

初献

九谷未分，庶草攸同。表为嘉种，实在先农。黍稷斯丰，酒醴是共。献奠之初，以祈感通。

亚献

倬彼甫田，其隰其原。耒耜云载，骖御之间。报本思享，亚献惟虔。神其歆之，自古有年。

终献

帝耤之典，享祀是资。洁丰嘉栗，咸仰于斯。时惟亲耕，享我农师。礼成于三，以讫陈词。

彻馔

于赫先农，歆此洁脩。于筐于爵，于馔于羞。礼成告彻，神惠敢留。馂及终亩，丰年是求。

送神

神无不在，于昭于天。曰迎曰送，于享之筵。冠裳在列，金石在悬。往无不之，其佩翩翩。

望瘗

祝帛牲醴，先农既歆。不留不亵，瘗之厚深。有幽其瘗，有赫其临。曰礼之常，匪今斯今。

——《明会典》卷九二

## （二）从曲谱上探索风格

清代的中和韶乐，祭祀用的曲谱为五声音阶，并且是一字一音的，音域从下羽到高宫，并从《律吕正义后编》所载祭孔乐谱与清桂良所撰《中和韶乐》及《阙里文献考》中关于演奏程序的记载来看，乐曲进行的速度是相当缓慢的。庄严肃穆的祭祀礼乐只有慢速，才能体现儒家所追求的"中和""平和"的韶乐风格。

# 五、清代祭祀礼乐文明获得的认知

（一）清代祭祀礼乐所用"中和韶乐"这一名称，反映了清代宫廷对古代宫廷音乐传统的继承关系，中和韶乐封建政治与音乐审美观念的结合体。因此，清代顺利地接受了明代"中和韶乐"这一名称。

（二）清代祭祀礼乐所用"中和韶乐"是物质实体，即乐种与乐队的形成，是由古乐悬、登歌综合演变简化而来，保存着上古乐器与乐队的基本因素。随着时代的演变，上古乐器的形制、规模及种类虽然有些变化，比如唐代，在雅乐中加进了很多外族的乐器，明清时期又回到先秦的大致范围，但只是规模大为缩减，近似登歌，由"八音"构成的雅乐主要乐器仍保存下来。

（三）清代祭祀礼乐所用"中和韶乐"，"韶乐"一词，儒家认为是"尽善尽美"的舜乐。按古代解释，韶者，绍也，说舜能继承尧的美德和治道。所以历代封建统治者都将雅乐作为在宫廷中的演奏，但对雅乐作用的认识则各有差异，归结起来有两点：第一，其理论僵化，没有把政治和艺术正确结合起来，使雅乐流派脱离了音乐艺术发展规律，失掉了艺术上的生命力，只靠行政和儒家说教来继续；第二，从先秦雅乐到中和韶乐，它在原始乐舞的基础上开创了质朴、典雅的宫廷音乐的先河，后又以中和韶乐的形式流传到封建社会的末期，尽管在名称、乐器配备与形制、乐曲与歌词风格等方面，在数千年的岁月中有些变异，但雅乐的基本特征依然存在。今天，清代中和韶乐的乐器、乐谱、歌词仍然存在，这不仅是中国音乐发展史上的物证，而且是研究祭祀礼乐文化的珍贵文献资料。

# 六、清代祭祀礼乐文明的现代传承

　　礼乐文化,"礼"是内容,"乐"是形式。"礼乐"是中华民族独特的文化形态。祭祀礼乐是自然神与祖先崇拜的文化体系,蕴含着古人的宇宙观、生命观。这种礼仪是自然界和宇宙知识的实践,是中华民族源远流长的历史与文化的生存形态。清代祭祀礼乐,是我国传统文化洪流中的一个支流,是庄重、典雅、和平风格的一个流派,这个支流直到清代灭亡后仍然还有影响。就汉民族语言的音阶特点来看,一字一音、五声音阶与庄重严肃的曲调有一定内在联系,所以在后来很多表现严肃、雄壮的歌曲中还被广泛地应用,这种形式充分表现了中国传统音乐的刚健、庄严之美。因此,对祭祀礼乐应加以挖掘、研究、批判、改创,取其精华,去其糟粕,正确弘扬中华优秀文化传统,传承宝贵的文化遗产,为今日所用。

王莹（社教与信息部副研究员）

# 文化遗产保护利用的
# 数字化表达

　　文化遗产是指具有历史、艺术和科学价值的文物，是人类历史发展的重要见证和文明延续的重要传承。文化遗产具有唯一性和不可复制性，并且随着历史的发展、社会的演变，会因为各种原因逐步淡出历史的舞台，成为人们印象中的遗存。精神和文化始终是任何一个民族和文明延续的最重要传承，而文化遗产正是这种传承的具象表达。人们已经逐步意识到文化遗产的极端重要性，开始采取各种各样的方法来保护文化遗产，其中数字技术手段近年来已经成为对文化遗产保护利用的重要创新方式。

## 一、文化遗产的数字化记录

　　"有形"文化遗产作为一种具象的物质遗存，必然会随着岁月的剥蚀逐渐褪去曾经的光鲜，变得更加古朴，这是侥幸能够存留下来的。更多的文化遗产则因为历史原因，永远地消失了，很多连一点点影像记录都没有，只是留存在传说中。因此，用最新的数字化技术手段，来忠实地记录下文化遗产的历史风貌和变迁过程就变得尤为重要。

### （一）基础的影像记录

　　影像记录现今仍然是对文化遗产记录最直观、最便捷，也是最容易实现的记录形式。数码影像系统已经发展得非常成熟，高分辨率、高像素、高解析度的影像采集已经成为文化遗产记录范围最广、数据量最大的记录形式。"有形"文化遗产影像记录是文化遗产存在的重要证据，也是其发展变化的有力见证，同时还是文化遗产数字化利用与宣传的基础数据搜集。文化遗产保护是需要相对大量资金进行支持的，无论是技术还是设备都是一笔不小的开销，而影像记录则是各种方式中性价比最高的。影像记录能够通过最小代价，实现文化遗产的原始记录。随着数字影像设备的进步，影像记录操作过程对技术人员的要求逐渐没有了门槛，这也为文化遗产的影像记录铺平了道路。影像记录并不仅限于文化遗产保护的工作人员，每一个来到遗产点的游客都是影像记录者，大家都可以通过手中的各种影像记录设备采集影像，或留存纪念，或分享于网上。这也就意味着文化遗产的影像记录会非常丰富，也是未来从事文化遗产研究的最基础材料。

## （二）三维扫描记录

作为"有形"文化遗产，普通的影像记录只是基础，也很难做到完全不失真，取决于采集影像的设备限制和拍摄角度，是无法最高精度进行记录还原的。而三维激光扫描则是忠实还原物体形状的精确方式，三维扫描技术已经发展了很多年，无论是大体量的不可移动文物、古建筑，还是小体量的可移动文物，都可以通过不同采集设备进行扫描。三维激光扫描通过高速激光扫描测量的方法，大面积高分辨率的快速获取被测对象表面的三维坐标数据。通过快速、大量的采集空间点位信息，快速建立物体的三维影像模型。在不接触文化遗产本体的前提下，最高精度的进行数据采集和建模数字还原，是数字还原文化遗产最准确的方法。文化遗产的三维激光扫描是对遗产本身的重要记录，是遗产现状的真实呈现，也为研究文化遗产提供了多维度的参考数据。

## （三）视频形式的记录

对文化遗产的记录，静态影像是一个重要组成部分，而动态影像——视频，也是重要的组成部分。静态影像的记录是二维的，三维激光扫描则更加注重精度和数据收集，而视频作为立体、动态的影像记录具有其他形式难以比拟的优势。现今视频记录的分辨率已经发展到8K，而主流的影像记录分辨率也已经达到了4K，这对于视频记录的清晰度而言已经完全满足对文化遗产进行动态记录的要求。视频的记录更接近人眼的观感，也更有代入感，比静态影像更有冲击力。通过不同的拍摄手法，可以展现出文化遗产的不同魅力。而动态影像所蕴含的文化要素要更加丰富，也可以将围绕文化遗产发生的各种事情完整地记录下来，成为遗产保护的重要资料。文化遗产最重要的是文化传承，而传承就离不开人，就离不开人的研究和活动，所以对文化遗产的视频记录，既是对其"有形"的记录，更是对文化遗产"精神"传承的记录，是文化遗产发挥其自身作用的全过程的鲜活记录。

### （四）口述历史的记录

文化遗产保存至今，很多历经千百年的历史，非常不易，而且在发展的过程中，很多遭到了各种原因的破坏和损毁，能够部分保留下来的已经非常难得，完整保留的就少之又少了，大部分都消失了。在文化遗产演变的历史过程中，很多人都参与其中，无论是保护、修缮，还是在文化遗产中经历过的生活和故事，都已经成为文化遗产的一部分，需要认真留存和记录，成为文化遗产保护的重要一方面。这里面有更多的人文的因素，而想要留着岁月的痕迹，更多的是历经沧桑的老人们的精神世界。文化遗产中发生的很多事是没有记录可查的，也没有任何的影像记录，在数码技术和互联网普及之前，即使普通的影像记录都不会很多、很全，而文化遗产中人的身影，特别是发生的故事就更多地湮灭在岁月流逝中了。所以，那些有经历的老人就是文化遗产保护弥足珍贵的财富。通过数字记录的手段，将这些人与文化遗产之间发生的故事，记录下来，整理成文字、图像及视频资料，可以极大地丰富文化遗产记录的人文性。口述历史本身已经在不同领域开展得有声有色了，但是针对文化遗产保护领域的相关内容，并不多见，在接下来的文化遗产保护中，应该作为重点工作之一，进行抢救性开展，避免更多的珍贵资料流逝在岁月中。

### （五）历史传说的记录

文化遗产的记录不仅仅局限于有形记录，历史传说中的点点滴滴，也是其重要的资料素材。在一些历史传说故事中，虽然人是绝对的主角，但是，人总需要故事的展开，而有故事就会有场景，很多文化遗产就是传说故事的重要发生地。因此，在这些传说中，或多或少地对文化遗产有所提及，甚至于有些传说为了突出故事性，对文化遗产着墨颇多。因此，这些历史传说对文化遗产保护的丰富性起到了不可或缺的作用。虽然传说的真实性存疑，但是也可以反映出当时历史条件下的风貌，是了解文化遗产不同历史时期风貌的一个切入点，也是对史料匮乏、记录全无的某一阶段重要补充。历史传说虽然会被因为演绎而与历

史真实有相当的距离，但是传说的创作始终是无法脱离他的历史局限性的，所以作为史料的补充材料则非常恰当。这方面的研究比较缺失，也应该成为未来的一个研究方向。

## 二、文化遗产的数字化监测

文化遗产的数字化监测是一种有效的预防性保护技术手段。文化遗产，特别是露天的建筑群体，即使得到很好的修缮保护，但是由于中国传统建筑以木结构为主体的特点，也意味着受外界因素影响很大，会逐渐产生很多的变化和损伤，且很多是无法一眼分辨的。

### （一）遗产本体监测

文化遗产本身对于监测是有着严格要求和规定的，对于遗产保护是极为重要的一个环节。针对建筑类文化遗产实施技术手段的实时监测，通过多点位实时采集信息，将建筑本体的微小损伤和裂隙，进行全天候、不间断的监测，以观察发展变化。监测系统可以提供分析预警和危情报送，当重点监测的点位没有发生显著变化，或者不在设定变化极值的前提下，只是记录数据，一旦发生突破极值的情况，则立马预警。确保在建筑发生重大的、突发的损伤前能够进行及时、有效的人为干预，更好地保护建筑遗产。而突发状况是以预防为主，且很难发生的，因此监测系统日常在实时监测的基础上，主要是完成数据累计分析和统计报告的工作，将建筑遗产的变化趋势进行准确报告和预判，为开展保护工作提供依据。

### （二）遗产环境监测

文化遗产遗存在不同的地域空间，面对着不同的气候条件，因此环境会对其保护产生很多的不利因素，也需要有针对性地开展保护工作。对文化遗产进行环境监测，能最大限度地减少外界因素对文化遗产的破坏，尤其是源自其自身因素的损坏，人为干预起来非常困难，效果也不好，但是环境因素影响是可以制定有针对性的保护措施的，例如，天气的变化，温湿度的变化，都是可以根据历年基础数据进行有效预测，提前开展有针对性的保护措施。对于实时天气的变化，可以进行较为精确的预警，进而开展对突发状况的紧急处理。环境监测不仅仅局限于自然因素，还包括社会发展所带来的新挑战，比如说城市建设中地铁的运行，对地面遗产建筑的影响，也需要进行实时的监测，观察这种较为规律的波动对建筑的具体影响，进而分析是否需要采取干预措施，从而来保护建筑。

### （三）人员情况监测

很多的文化遗产是开放单位，是需要接纳游客参观的，这就为文化遗产，特别是建筑类文化遗产的影响产生了很多人为因素问题。任何开放的建筑空间都是有一定的承载力的，具体到古建筑类文化遗产，对人员密度有着更高的保护要求。古建筑的建筑年代不一，但都历经风霜，且几乎没有哪栋古建的建筑初衷是为了大量的人员聚集。但是，当今文化空前繁荣发展，人民对文化生活要求逐渐提高，开放的文化遗产成为大家最重要的文化驻足地。但是，古建筑的承载能力，是不能无限扩大的，否则会产生不可逆转的损伤。因此，要对古建筑类文化遗产的人员情况进行实时监测，当出现局部人员聚集，突破了古建承载力极值的之时，要及时进行预警和疏导。通过监测数据的累计，还可以对不同区域人员流动性进行分析，以制定出更好的、更合理的导引路线，在方便观众有序游玩的同时，更好地保护古建筑遗产。

### （四）消防安全监测

中国的文化遗产，更多的是木结构的建筑，对消防安全的要求近乎苛刻。因此，各遗产点都将消防安全作为整体安全最重要的一个环节。作为预防为主的主导思路，消防监测是这个环节中最重要的一个技术点。近年来，在传统的消防监测技术手段基础上，涌现出了更多数字化的创新监测方法，可以很好地补充传统监测的不足，实现多维度、无死角、更早预警的监测体系，让古建筑的消防真正做到不留隐患。近年来，世界文化遗产的建筑，发生了多起消防安全事故，造成了人类文化史的重大损失，十分令人遗憾。这些知名的遗产，大都拥有着完备的传统消防监测手段，但是依然发生了不测。因此，创新的数字化监测手段的补充，将在未来文化遗产消防监测保护中发挥重要作用。

# 三、文化遗产的数字化展示

文化遗产是人类历史发展和文化演变的重要见证，也是文化传承的重要载体，是人类了解历史、为青少年普及传统文化的最重要的场所。但是，文化遗产的开放是有限度的，这是出于保护的考虑，而且，部分文化遗产所在地比较偏僻，并不能满足所有人前去参观游览的需求。因此，通过数字化的技术手段，将文化遗产呈现在世人面前，让更多的人可以感受文化遗产的魅力，实现文化传承是文化遗产利用的重点之一。

## （一）影像展示

文化遗产展示，首先就是影像的展示，无论是静态的图片，还是动态的视频，都是遗产展示的基础方法，也是大家了解文化遗产的最重要、最便捷途径。随着互联网的普及和数码影像的技术发展，对文化遗产风貌的了解，很多时候，高精度照片和第一视角的参观视频比行色匆匆地到此一游更有效果。因此，影像依然发挥着极为重点的文化遗产宣传的作用。

## （二）数字场景还原

文化遗产点很多已经不存在了，有些则部分损坏了，即使留存至今，也很难有全部空间都开放的，因此，游客是很难完整地观看到文化遗产的全貌的。但是，通过数字化技术手段，可以将消失在历史中的文化遗产虚拟地恢复出来，将损毁的建筑数字复原回来，将不能开放的空间通过数字场景的复制展现出来。数字技术还原文化遗产的历史风貌，既是对文化遗产的有效展示，也是对文化遗产的重要保护形式。通过数字虚拟还原，可以再现文化遗产的历史盛况，让广大游客了解到文化遗产曾经最辉煌的样子。

## （三）沉浸式体验

通过虚拟现实技术，实现不同载体的影像呈现，让来到文化遗产空间的人，或者身处异地者都能体验沉浸式的游览乐趣，这是通过观看载体来满足人们对文化遗产无死角预览的需求。在体验过程中，可以通过技术手段来丰富内容，增加活动感，可以让沉浸式体验的个体，进入文化遗产的生活活动中，在真实与虚幻中，体验穿越的感觉。这种体验，不同于普通的数字虚拟还原，而更多的是可操作感的提升，更加具有身临其境的感觉，不仅仅是看，更可以动，通过头戴设备和部分手持设备，满足虚拟场景中活动的需求，真实模拟历史上的生活状态。

### （四）基于移动端的 App 展示应用

围绕文化遗产，还可以开发一系列的移动端应用，更加灵活地展示文化遗产。文化遗产的重要属性在于文化，因此，仅仅是看，只得其形，不得其意。需要专业的讲述，为观看者更好地铺陈文化遗产的精要，让使用者更好地体验文化，学习知识。App 可以全方位的展示文化遗产，各种数字化技术手段的保护成果都可以在这个平台中体现。App 很好地将展示文化遗产同文化遗产参观服务结合起来，定制的方法灵活且具有高度可操作性，为文化遗产的展示创造了良好的平台。

## 四、文化遗产的数字化宣传

文化遗产的保护是重点，而宣传则是实现文化传承的重要途径。每一个文化遗产都有其独特的历史及文化属性，这些文化感才是吸引到大家的精髓所在。因此，要尽可能地通过不同的宣传途径，让更多的人了解到文化遗产的珍贵和价值，通过文化认同感，逐渐喜爱上文化遗产，进而产生保护文化遗产的自觉。

### （一）多平台媒体宣传

作为传统的宣传方式，不同平台的媒体宣传依然是文化遗产宣传的最普遍途径。由过去的平面纸媒、电视媒体、网站，到现今依托移动端手机的媒体宣传，微博、微信平台，媒体宣传已经成为人们社会交往的展示平台的延伸，单纯的宣传已经很难激发起习惯于互联网思维的当今人们的关注，只有走进他们的生活，成为人们生活习惯的一部分，才能更好地实现宣传的效果。但是，不同的宣传平台依然都存留着一些忠实观众，所以，在高度关注新的宣传平台的同时，也不能丢掉传统媒介的那部分关注者。文化遗产再好，也需要持续地、创新地进行宣传，不断深入挖掘其文化内涵，使观众不产生疲劳感，让文化遗产始终成为同时代最吸睛的文化现象之一。

## （二）短视频传播

宣传一定要有的放矢，其目的是实现文化遗产的文化传承，提升保护意识，而有效途径应该是人们最喜闻乐见的形式。现今人们的生活节奏飞快，所以真正能够用来进行非目的性文化获取的时间通常是碎片化。而人们在碎片时间最喜欢做的事情，就是刷短视频，这是不分年龄和教育背景的，是当今最普遍的文化娱乐休闲方式。文化遗产的宣传也要紧紧抓住这一点，用最受欢迎的形式，传播优秀传统文化。这对内容制作提出了很高的要求，不同于一般生活分享类短视频，文化遗产宣传视频既要具有深厚的文化底蕴，又要用最通俗的手法来表达，这个平衡点很难把握。但是，一旦掌握其精要，就会产生现象级的文化传播。

## （三）自媒体的流量传播

在这个人人都是媒体的时代，自媒体诞生了一批流量大咖，这些人在不同的领域，拥有着相当的受众，也有着广大的影响力。文化遗产的宣传要充分依靠自媒体的力量，广泛地、无差别地传播，只要没有意识形态问题，内容上对自媒体不应过分苛求。有时对于一些问题的学术争议，也可以引发一定的关注度，从一个侧面实现文化遗产多角度的宣传。自媒体的力量是巨大的，潜力也是巨大的，近来，很多现象级的文化事件，就是来自自媒体平台的传播。同时，自媒体也是最没有门槛的传播方式，文化的传播不应对受众有要求，而是应该做到让不同教育经历和文化背景的人都能接受才算成功。

# 五、文化遗产的数字化产品

数字化全方位服务于文化遗产保护利用，在这个过程中，会有很多的数字创意诞生，应该将这些创意产品化，进而实现文化遗产保护利用的另一个维度，可持续发展的有益补充，将文化传承实现市场化。

## （一）光影交互体验

文化遗产很多都是不可移动的，但是不同地区的人们对于文化遗产都有文化需求，如何满足这些需求，仅仅是传统地举办临时展览，已经很难被当下数字生活所包围的人们所满意了，而是需要创新形式。近来，有一种数字光影展示的形式广受关注，其高精度还原，全方位展示，沉浸感、神秘感十足的场景都令感受者身临其境，引发了现象级的好评。这种光影交互体验，不是传统的影像叠加，或者虚拟展示，而是在文化遗产影像捕捉的基础上进行全新的艺术创作，对文化遗产进行艺术解构，深入挖掘文化遗产背后的历史故事和文化内涵，将故事性覆盖到文化遗产影像展示当中。光影交互展示，虽然对空间和设备有一定的要求，但是技术较为成熟，即使没有适宜的场地，也可以临时搭建，周期及费用都可控，非常灵活。这种方式是文化遗产展示的有益探索和成功尝试。

## （二）移动端数字产品

文化遗产的数字化应用，应该主攻移动端手机，这是人们生活中最离不开的数码产品，也是人们日常生活衣食住行的重要依托。因而可以开发针对手机端的数字产品，让文化遗产的影子充斥到人们生活的方方面面，融入到人们日常生活之中。一提到文化遗产，给人的感觉不应该是高高在上，或者需要正襟危坐地去研究，而应是也可以成为我们手机的一个"表情包"。所以，文化遗产的数字产品一定要紧紧抓住日常出现在人们眼前的机会。

## （三）文化 IP 输出

文化遗产本身就是最好的文化大 IP，他的版权弥足珍贵，要好好利用起来。文化输出，可以体现在文字、游戏、影视、综艺等很多的领域。文化遗产的内涵挖掘和传承，在学术研究之外，也要牢牢把握人们的文化休闲领域。全方位地进行文化输出和传播，从而增强其对于青少年的影响力，让文化 IP 活起来，让好的文化故事传播起来。

## （四）公益文化产品

文化遗产可以设计独具特色的数字文化形象，来用于文化宣传和开发。数字化形象可以出现在不同时间节点的文化宣传当中，让文化遗产的形象不高冷，更亲民，更贴近青少年。优秀传统文化的传承，青少年是重中之重，也是国家未来的希望，所以文化遗产的文化传播要着重考虑这部分受众。文化遗产是全人类的共同财富，因此，要将其文化属性在公益事业中发挥作用，数字化的产品，使用灵活度高，不受平台的局限，非常适合于文化遗产的公益传播。

## 六、文化遗产数字化的国产之路

文化遗产的数字化研究和保护，需要高精的技术力量和设备。在这方面，外国起步得早，技术成熟，设备的效果更好。但是，任何技术和设备都不应该依靠他人。世界上的文化遗产虽然有其共通性，但是各国文化发展不一，文化背景迥异，所以开发出的产品也是有一定的适用性的。中国的文化遗产具有独特的中华文化属性，要想更好地实现保护利用的数字化，就应该开发更有针对性的技术和设备。中国的技术开发力量正在不断增强，技术力量和设备的竞争力也在不断增强，我们相信文化遗产的数字化保护技术和设备开发的完全国产化将会逐步实现，在文化传承中，真正实现文化自信。

文化遗产保护利用的数字化表达只是手段，真正要实现的是优秀传统文化的传承，在这个过程中，需要针对人们的生活习惯和文化需求，不断进行创新。数字化技术是未来发展的趋势，也是最符合全方位实现文化遗产保护利用的方法，应该高度重视并有效推广，使文化遗产真正成为全人类永恒的文化传承。

闫涛（社教与信息部副主任）

# 浅谈北京天桥的历史变迁

　　享誉海内外的天桥原是位于北京中轴线南端的一座石桥，20 世纪 30 年代消失后，仅留下地名。如今天桥不仅仅指那座桥，而是指北起珠市口大街，向南延伸至永定门，西起万明路、西经路，东至金鱼池大街、天坛根一线的广大区域。2019 年年初习近平总书记在北京老城前门东区看望慰问基层干部群众时表示，要"让城市留住记忆，让人们记住乡愁"，而天桥正是北京人浓浓的乡愁，它不仅承载着老北京人好几辈的记忆，同时也是京味儿民俗文化的发祥地。中华民国时期的《北京指南》说"天桥为一完全平民化之娱乐场所，亦即为北平社会之缩影"，好像没了天桥，北京就不能称其为北京了。

## 一、天桥起源

　　"天桥"确实是一座桥，清代朱一新所著《京师坊巷志稿》中有云："永定门内大街，北接正阳门大街，有桥曰天桥，东南则天坛在焉，西则先农坛在焉。"天桥的确切修建年份现虽已不可考，但其历史可以追溯至元代。

　　元代初年，忽必烈曾试图在金中都的基础上建造规模更宏大的大都城，元至元元年（1264 年），世祖在水利专家郭守敬的建议下，将高梁河水系作为主要水源，引水凿渠、开发漕运，并在原金中都东北郊外以积水潭为中心修建元大都。由于莲花池水系不能满足大都城的日常需要，便将大都的城址由莲花池水系向东北方向迁移到了高梁河水系。高梁河水系发源于今日紫竹院湖面下的平地泉，自元代以来一直贯穿于北京城的心脏地带。它的上游是城市供水的主渠道，到了下游就成了城市泄洪排污的干渠。大都城周围水系发达，东西河渠纵横，水源充沛、湖泊众多。原来位于大都南郊的天桥地区，本是一片水洼和沼泽，后逐渐被冲积成一条由西向东的河流。这条河是元代妓舫游河必经之地，在河面上修建的一座普通的小木桥，可能是"天桥"最早的雏形。这时期的天桥是京郊的游览胜地，红荷绿柳，风景秀丽，是名副其实的京城小江南，天桥也因其宜人景色而成为文人的雅集之所。元人《天桥词》中就赞美其景色是"莫道斜街风物好，来到此处便销魂"。

## 二、明清、民国时期天桥的变迁

明成祖朱棣迁都北京后，比照南京在北京南郊修建了天坛和先农坛，皇帝去南郊祭祀，要出正阳门南行，这条大道就形成了天街。两坛之北有一条东西走向的城市排水沟，即民间俗称的龙须沟。为方便皇帝到天坛、先农坛祭祀，于明永乐十八年（1420年）在原有的元代小木桥处修建了一座跨河石桥，两侧还各修建一座木桥，平日天桥两端有木栅栏封闭，石桥只有天子才能通过，百姓只能从两侧的木桥通过。由于中间的石桥仅可天子通过，因此被民间称为"天桥"。天桥不仅是皇帝祭祀天坛和先农坛的必过之路，也是到南海子巡幸游猎的必经之路，因而也就顺理成章地成为京城的交通要道。天桥东西两侧形成了穷汉市、日昃市等。而被后世所熟知的老天桥就是这一时期遗传下来的。

明嘉靖三十二年（1553年）修筑北京外城，天桥与天坛、先农坛最终划入北京外城范围内，但此时跨河之桥的桥名和桥形仍未见记载。

清王朝定鼎北京之后，基本沿用前朝机构、制度的同时，也加入了一些本民族的特色。清朝顺治年间即开始实行"满汉分居"政策，规定凡汉官及商民人等尽徙南城居住。因此大量居于内城的汉人搬迁至南城天桥一带居住，人口的激增迅速推动了天桥地区商业经济的发展。

"天桥"首次被官方提及是在清雍正七年（1729年），《清会典事例》载："雍正七年谕：正阳门外天桥至永定门一路，甚是低洼，此乃人马往来通衢，……天桥至永定门外吊桥一带道路，应改为石路。"我国著名建筑学家王世仁先生由此推断在雍正七年（1729年）以前，"天桥"已正式成为官方桥名，并且很可能在明代已有此名。

清乾隆年间（1736年—1795年），朝廷疏通天桥河道，将天桥改为单孔拱形汉白玉石桥，桥面用花岗岩铺就，两边有汉白玉栏杆，桥下有孔，可行大船，桥身颇高，世人皆道在桥北望不到永定门，在桥南望不到正阳门。乾隆皇帝还亲自撰写《正阳桥疏渠记》，其中云："于天桥之南，石衢之左右，自北而南，各疏渠三，……其四达坛之横衢，命各辟土道，宽二丈，以为往来车路。"横衢指由天街通向天坛、先农坛四座坛门的横路，在横路间修筑两条专供行车的土路。由此可以推断，天桥于乾隆五十六年（1791年）改建成石拱桥。由于高拱使桥坡陡峻，不便行车，才另辟专行车路，与原来沟上的平桥衔接。朝廷还在天桥以南的天坛、先农坛外面的空地开挖了池塘，四周遍植柳树。因天桥临近两坛，地阔水清，因此游乐活动以及逛天桥的人也就越来越多。

道光咸丰年间（1821年—1861年），由于天坛和先农坛坛根地区不征收地租，因此在天坛的西、北坛根与先农坛的东、北坛根逐渐涌现出一批摊贩，售卖吃食杂货，形成了热闹的小市场。因先农坛坛根空旷，因此每日清晨不少梨园子弟也到这里喊嗓子练功，练把式的也来此处练习把式。所有这些因素综合在一起，更加促进了天桥地区商业及游艺业的发展，天桥也一天天地兴旺起来。各类曲艺演出场所伴随茶肆、酒楼、饭馆、商摊、武术杂技场地蜂拥而起，成为北京人欣赏民间技艺、曲艺艺术的一个集中场地。三教九流、五行八作汇集于此，天桥一派繁荣景象。这时，天桥也开启了其由水乡风景区向市场、游艺场转变的过程。

石拱的天桥至清末已处于无人管理的状态，光绪三十二年（1906年）推行"新政"，京师设立工巡局（即巡警局，管理治安和市政），开始整修沟渠道路，京汉铁路建成，在永定门外设立车站。1918年至1919年改造正阳桥，降低桥拱，改用钢筋混凝土结构，龙须沟东段改为暗沟，以上措施均为铺设有轨电车轨道做准备，1924年有轨电车通车，1926年后龙须沟西段填沟筑路，1927年有轨电车南延至天桥，因此天桥约在1925年至1926年间改为平桥。而此时的天桥俨然成为北京城往来客商的集散地，他们的到来更加带动了天桥地区的繁荣，"酒旗戏鼓天桥市，多少游人不忆家"正是对繁华时期天桥的最生动描写。

## 三、天桥与北京先农坛

1911年，辛亥革命推翻了清王朝的腐朽统治，中华民国政府成立，而作为为封建皇权服务的众多皇家坛庙也随着清王朝的覆灭而完成其使命，最终退出历史的舞台。北京先农坛也就顺理成章地从一座皇家坛庙摇身一变成为了民国共有财产，开启了民有、民治、民享的新时代。

1912 年，中华国民政府实行开放香厂地区计划，把先农坛北首的沟填平后改砌暗沟。1913 年元旦，北京先农坛免费向市民开放十日，为接待民众游览，管理部门在先农坛北外坛坛墙开了一门，又在太岁门内外道路上铺满碎石并压实，允许车辆从北、东北两个方向直接进入先农坛内坛游览。

1914 年 6 月，内务部和交通部将正阳门月墙拆除，并把环绕着月墙共计 60 余所商铺房屋和公私民房征用。这些商民、组织就将拆下来的木料另外添加一些新的，在天桥西侧建立天桥市场七巷，开设商店、茶肆、酒饭馆、镶牙馆、清唱茶社。天桥地区因天桥市场的建立而更加繁荣。

1915 年，内城社稷坛已经被辟为中央公园（今中山公园），而南城尚无公园，因有 1913 年元旦免费开放之先例，并且当时的国民政府考虑到"西人均以办建公共游览之地为文明象征"，而先农坛作为皇家坛囿，古柏参天，殿堂林立，旷野清幽，于是经过一番整治，于端午节正式开放接待游人，定名为"先农坛公园"，成为南城一处最大的游览场所，亦成为京城继中央公园之后的第二大公园。同年，市政当局对天桥地区进行开发建设，将先农坛北部一带水沟填平，并将先农坛北外坛区的大片土地开辟成道路，并将开辟的道路按地图经纬线划定街巷名称，分别命名为东经路、西经路、南纬路、北纬路。

1917 年，民国内务部与督办京都市政公所即市政府决定将先农坛北外坛另辟公园，命名"城南公园"。同年，有人集资从先农坛东墙根凿池引水，种植水稻，遍植荷花莲茨，在天桥南侧路西修建了水心亭商场。水心亭是用席木搭的一座楼，四面镶玻璃窗，是个登高远望，观赏天桥美景的制高点。亭内开设娱乐场，四周是满布莲荷的水渠，有三个木桥可通，水面可以通行小船。水心亭的北面和西面开设了不少茶棚。夏日来临，这里是文人雅集的幽静场所。继道光、咸丰年间先农坛东坛根与北坛根部分被占据后，官僚地主陈光远将天桥南大街以西、北纬路以北、西市场以东、西市场南街以南的 20 多亩土地占为己有，用炉灰填平，以"三月不纳租"的小利，招揽艺人、摊贩来此做生意，形成了天桥的中心，即天桥市场。先农坛北外坛外围大部分地区逐渐被来这里讨生活的贫民占据，形成了许多旧货市场和市民杂耍卖艺的地摊，最终在 20 世纪 20 年代形成了北京新的地方民俗文化区——老天桥儿。

1919 年，广东商人彭秀康租赁先农坛的一角，开办了城南游艺园，西边的天桥市面，非但不受影响，无形中反而日渐进展，极其兴盛。因先农坛公园、城南公园两个公园紧邻，不易管理，民国内务部将先农坛的南北两公园正式合并，统一称作"城南公园"。此时的城南公园范围包含整个先农坛内外坛区。平民自娱自乐的演出场所和日杂生活用品市场及旧货市场比比皆是，具有独特的城市平民文化特色。天桥发展成了一个极盛的平民市场。而城南游艺园的建成更是推动了天桥地区的市场繁荣。

由于先农坛外坛基本都为空地，1922 年至 1925 年内务部由于经费拮据，开始把外坛空地租、卖给平民商人使用，例如将西外坛改成了菜地或种粮。1924 年，原水心亭的沟水干涸，地皮为军阀李彦清、吴道时、李品珊分别霸占，用炉灰渣填平后，即招租修盖民舍。1925 年，官方开始出卖先农坛外坛。1926 年，内务部逐步拆除先农坛外坛墙后，随之大量民居移驻北外坛。同时增建福、禄、寿三条街道，开辟成先农市场和城南市场。福长街也建起了鳞次栉比的商店。这以后，在原坛墙东北角处先后有了先农市场、城南商场、惠元市场、天丰市场等，并向原坛墙内空地扩张。到 1929 年，北京先农坛外坛墙除局部外，绝大部分已拆除，先农坛北外坛地区逐渐形成新的街区格局，出现南纬路、北纬路、东经路、西经路，以及禄长街、福长街一、二、三条等街巷，拥有了自己的城市文化布局肌理，最终同北京先农坛历史文化相剥离。外坛逐渐变成杂居地。

民国时期天桥地区逐渐成为百业俱兴、人口稠密的闹市区，他的繁荣远超历史上的明清两朝，而天桥在民国时期的繁荣也是逐渐蚕食北京先农坛坛区得来的。北京先农坛也是从民国时期开始，逐渐淡出人们的视野，越发显得荒凉和颓废了。

# 四、新中国成立后的天桥地区

1949 年以后，天桥地区以连片的平房为主，居民居住环境简陋拥挤。为了改善天桥地区居民的居住条件，2000 年 10 月启动天桥危房改造工程，天桥危改区东起天桥南大街西，西至友谊医院东墙，南起南纬路北，北至永安路南，即先农坛北外坛东侧广大地区，总占地面积 18.1 公顷，2002 年 6 月危房改造工程的 11 栋回迁楼房竣工。此次天桥地区危房改造工程中，新建了天桥市场斜街，西北至东南走向，西北起自永安路，东南至北纬路，虽然北外坛坛墙早在民国时期就已拆除，但是仍保持了先农坛北外坛东侧的"天圆"格局。2005年整治城中村中拆除先农坛北里，其位于先农坛北门东侧，南纬路南侧，南北走向，北起东经路，南不通行。西侧为育才学校，其余为居民住宅。2006年拆除北京古代建筑博物馆周边城中村。2007年7月，启动先农坛内坛北坛墙外的东经路消防中队"边角地"拆迁工作，共搬迁177户居民，占地面积5100平方米，涉及单位2个。外坛主要单位有：

中国疾病预防控制中心，位于南纬路27号，前身为中央卫生研究院。1956年中央卫生研究院与北京协和医学院合并，改名为中国医学科学院并筹建劳动卫生室。卫生工程学系改名环境卫生和环境工程研究室。细菌研究室合并到营养学系，改名为营养与食品卫生研究室，三室合并组建成中国医学科学院卫生研究所。"文化大革命"结束后，中国医学科学院卫生研究所解体，下属三个研究室分别升为劳动卫生与职业病研究所、环境卫生与卫生工程研究所、营养与食品卫生研究所，后又成立卫生部食品卫生监督检验所和环境卫生监测所。1983年，中国医学科学院五个研究所和卫生部直属工业卫生实验所组成中国预防医学中心。1986年，改名为中国预防医学科学院，后工业卫生实验所复归卫生部直接领导。2002年，中国预防医学科学院改名为中国疾病预防控制中心，下设10个研究所、2个检验所，1所卫生学校，1所教学医院。其中营养与食品安全所位于南纬路北端，前身为中央卫生实验院营养组，建于1941年；环境卫生与卫生工程研究所，位于南纬路29号，建于1941年，原名国家环境保护局北京环境医学研究所，1986年更为现名；职业卫生与中毒控制所，位于南纬路29号，始建于1954年，原名中央卫生研究院劳动卫生研究所，1983年划归中国预防医学中心，2002年更为现名；性病艾滋病预防控制中心，原位于南纬路29号，1998年7月成立，原名卫生部艾滋病预防与控制中心，2002年更为现名，2010年迁入中国疾病预防中心位于昌平的新办公区。

中共西城区委天桥街道工作委员会，位于北纬路9号，建立于1958年9月。1960年4月中共天桥街道党委改为中共天桥人民公社委员会，为政社合一的组织机构。1966年后工作受到冲击。1968年3月，原党委工作机构撤销，成立天桥街道革命委员会，为党政合一的组织机构。1970年12月，重新组建中共天桥街道委员会，未单独设立工作机构，与街道革命委员会实行党政合一的"一元化"领导。1978年初，撤销天桥街道革命委员会，改为党政企合一的天桥街道办事处。1979年7月，中共天桥街道委员会、天桥街道办事处、天桥生产服务合作联社组织机构分开。1990年4月，天桥街道党委改为中共北京市宣武区委天桥街道工作委员会，至2010年6月。宣武区和西城区合并后，改为中共北京市西城区委天桥街道工作委员会。

天桥街道办事处，位于北纬路9号，始建于1954年。1949年4月，按照中共北平市委的指示，废除保甲制度，建立街政府。同年7月，街政府撤销。9月，北平市改为北京市，天桥地区隶属北京市第十二区。1954年，宣武区始建街道办事处，天桥地区设立天桥、鹞儿胡同、福长街三条和虎坊路四个街道办事处。1958年9月，天桥、鹞儿胡同、福长街三条和虎坊路街道办事处合并组建为天桥街道办事处。1960年4月，成立政社合一的天桥人民公社。1962年2月，政社分开，恢复街道办事处。1966年办事处工作陷于瘫痪。1968年3月，成立天桥街道革命委员会，为党政合一的办事机构。1978年8月，撤销天桥街道革命委员会，改为党政合一的天桥街道办事处。1979年7月，成立街道生产服务合作联社。同月，中共天桥街道委员会、天桥街道办事处、天桥生产服务合作联社组织机构分开。1990年8月，宣武区天桥街道办事处改为宣武区人民政府天桥街道办事处，为宣武区人民政府的派出机构，至2010年6月。随后西城区、宣武区合并，办事处改为西城区人民政府天桥街道办事处。

首都医科大学附属北京友谊医院，位于永安路95号，始建于1952年，原名"北京苏联红十字医院"，是新中国成立后在苏联政府和苏联红十字会援助下，由党和政府建立的第一所大型医院，建立初期位于鼓楼西大街甘水桥23号院（现113号）。1954年2月16日北京苏联红十字医院新楼在城南游艺园旧址上建成，即现在医院所在西院区，毛泽东同志亲笔题写院名"北京苏联红十字医院"。1957年3月12日，苏联政府将医院正式移交我国政府，周恩来总理亲自来院参加移交仪式，并改名为"北京中苏友谊医院"。1958年，在主楼东西两侧分别新建儿科大楼及妇产科大楼，并沿用至今。自1966年5月开始，医院一度被改名为"北京反修医院"。1970年春，周总理亲自为医院命名为"北京友谊医院"。1990年，友谊医院在老院区东侧，即东经路东侧建设医院新门诊、急诊综合楼，拆除了福长街一条、二条。1992年12月，新的病房大楼竣工。1994年9月，医院第五次更名，更名为"首都医科大学附属北京友谊医院",并沿用至今。2001年,位于友谊医院老楼东侧的门急诊教学综合楼改建工程启动,于2005年建成投入使用。2009年,友谊医院老楼南侧的医疗保健中心建成并投入使用。

天桥剧场,位于北纬路30号,始建于1953年,是新中国成立后的第一家大型剧院。1991年在原址上重新翻建,2001年建成。

天桥派出所,成立于1949年2月,位于福长街48号。1958年10月,原天桥、鹞儿胡同2个派出所与虎坊路派出所部分地区组建成天桥派出所,驻福长街五条5号。2003年10月,天桥派出所迁入福长街48号。

北京燕京汽车厂,民国时期先农坛北部逐渐成为国军联勤总部第八汽车修配厂。1950年2月,改为中国人民解放军第三四零一工厂,是新中国成立时,中央人民政府人民革命军事委员会办公厅在首都最早成立的为军委各总部、各军兵种机关服务的汽车修理工厂。1952年迁至太平街8号。20世纪80年代,改制为北京燕京汽车厂。进入21世纪后工厂再次改制,倒闭后的厂区土地被拍卖转让。2008年奥运会后建为朱雀门高档住宅小区及富力信然庭、富力摩根、富力信然等商业民用住宅。南纬路也因此向西延至太平街。

# 结　语

起源于元代,发展于明清,兴盛于中华民国的老北京天桥随着民国时期的市政改造淹没于地下。2021年8月北京市测绘设计研究院对中轴线开启了三维立体实景测绘工作,首先对先农坛进行了实地测绘,同时天桥这座已经消失近百年的遗址最终有了准确的定位。北京中轴线是北京城市空间布局的核心,中轴线申遗保护工作是北京历史文化名城保护和文物保护工作的重中之重。2020年7月,中央政治局常委会会议审议《首都功能核心区控制性详细规划(街区层面)(2018年—2035年)》时,习近平总书记强调:"中轴线申遗保护是个大事,也是个契机,要以此带动重点文物、历史建筑腾退,强化文物保护和周边环境整治。"强调要抓住中轴线申遗契机做好文物保护,留住文化根脉。在北京中轴线申遗稳步推进过程中,对天桥地区的历史变革与北京先农坛变迁进行研究,对北京中轴线遗产价值提升,具有重要意义。

温思琦(陈列保管部副研究员)

# 简述民国时期北京先农坛的
# 使用状况

北京先农坛，始建于明永乐十八年（1420 年），是祭祀先农及天神（风、云、雷、雨）、地祇（岳、镇、海、渎）诸神的场所，也是天子亲行耤田礼之处。随着清王朝的没落，北京先农坛原有的祭祀功能消失，古建筑和可移动文物遭到不同程度的毁坏、遗失，坛区的管理与使用也出现了重大转变。

## 古物保存所的设立与裁撤

1912 年，内务部成立古物保存所，拟保存全国范围内的古物，因"取各省古物，一时骤难运之致"，故挑选原京城坛庙内的重要祭祀礼器进行展示陈列。

1912 年 12 月 25 日，《政府公报》刊登了一则《内务部古物保存所开幕通告》，描述了古物保存所保存古物的范围、选址、环境设施、开放日期等信息：

> 本所以保存古物为主，专征取我国往古物品，举凡金石、陶冶、武装、文具、礼乐器皿、服饰、锦绣以及城郭陵墓、关塞壁垒各种建设遗迹，暨一切古制作之类，或搜求其遗物，或采取其模形，或旧有之拓本，或现今之摄影，为博雅之观，借存国粹之实爱。爰就永定门街西先农坛屋宇为开办地点，惟是规划伊始，取各省古物，一时骤难运之致，仅就京师原有旧物择要陈列，以资观赏。此外尚置有评古社、古艺游习社、古物保质处、古学研究会、琴剑俱乐部、古物杂志社、古物萃卖场，以及秋千圃、蹴鞠场、说礼堂等处，种种设备，

以期逐期推广，务使数千年声明文物之遗，于此得资考证，借以发思古之幽情，动爱国之观念。兹订于民国二年（1913年）一月一号共和大纪念之日起，至十号止，为本所开幕之期。是日各处一律开放，不售入场券。由街西牌坊起，马路四通八达，所中并设有接待室、暖室、品茶社等处，凡我国男女各界，以及外邦人士，届时均可随意入内观览，本所均有司事人等妥为招待。

1914年1月5日，北京《群强报》报道了古物保存所在元旦期间的开放情况、各殿展出内容、游客参观情况等信息：

民国成立以来，每逢新年庆祝之期，天坛、先农坛照例开放十天，纵游人观览。今年天坛、先农坛一切布置，较往年尤为完备，而以先农坛中之古物保存所为尤为可观。古物保存所，在太岁殿中，东西两庑，共二十余间。东庑所储藏者，多系祭器，及古代礼乐器，无一不备。其各种陈设品，亦多向所罕见者，所谓陈其宗器者殆是。西庑则多前清帝后躬耕及蚕桑诸用物，足见当时重农贵粟之风。正殿则钟鼎辉煌，中列玉刻山水屏风一座，高数尺，长丈余，镂工极佳，其外多乾隆帝御笔所书匾额，洵大观也。殿外扎彩牌楼一座，上缀万邦协和字样。西边有茶楼数家，为游人小憩品茶之所。再其外为拜台，上有警兵站守，借以为弹压地面者。由此迤东迤北，多系杂闲游人，及各样玩艺，亦颇有足观者。

1914年1月，古物保存所更名为"礼器保存所"，后几经调整，最终裁撤，其职能最终并入内务部坛庙管理处（位于神仓院落），而内务部坛庙管理处后来随着管理上级的变动，更名为"内政部北平坛庙管理所"，也叫"北平市管理坛庙事务所"。

## 城南公园的规划与建设

由于皇家坛庙社稷坛开辟为中央公园的成功转型，民众对皇家禁苑开放的要求空前高涨，1915年，中华民国政府将先农坛内坛辟为

"北京先农坛公园"。先农坛公园成为当时京城仅次于中央公园的第二大园区，备受市民追捧。

> 惟该处仅限于内城一隅，外城地方尚付阙如，不无憾歉。查南城一带……惟先农坛内，地势闳阔，殿宇崔巍，老树蓊郁，杂花缤纷，其松柏之最古者，求之欧美各邦，殆不多观，洵天然景物之大观、改建公园之上选也。

1917 年民国内务部与督办京都市政公所协商后，将北外坛辟为"城南公园"，随后南北两园区合并统称"城南公园"。自此，"城南公园"成为北京先农坛的新名称，一直延续到 1950 年。城南公园成立之时，游玩内容丰富多样，往来民众络绎不绝，北京先农坛迎来发展繁荣的新机遇。

城南公园的前期规划建设是在组织筹备和资金募集的同时逐步展开的。先农坛改建工作相关文字记载如下：

> 这公园之内，该如何布置呢？也很得费一番心思的。先农坛内，本分为两部，头道坛门以内，原有二道坛门。现以二道坛门以外为外部，二道门以内为内部，外部开两个门，除去原有天桥迤西那道坛门之外，又在香厂迤南开一道北坛门，为是往来便利。至于内部的布置，有鱼庄、鹿囿、秋千圃、抛球场、蹴球场等等设备。鱼庄设在二道门内松树桁一带，鹿囿设在西边柏树林内（现由热河避暑山庄运来的驯鹿一百四十只都在鹿囿里养活着，供大家观看）。秋千圃与抛球场都设在太岁殿前面。太岁殿上另组织茶社，可以供游人休息品茶之用。殿前两廊，就是原设的礼器陈列所，其中历代古物也可以随便瞻览。又在庆成官前，设一处蹴球场，以为游人练习体育之用。此外还要添荷花池、电影室、照相馆等等，总期望这公园之内，无美不备，才不辜负这么好的地方。
>
> 以上所说，全是公园内的市景，至于坛内植物，除去原有树木之外，本还有许多花池，种着各种花草。现在既然组织公园，还要加意经营，所有二道坛门以内，沿路都要种上花卉。正殿前面松林之内，有了空地也都一律栽种。还要在

东边桃林一带，另划出一段地方，作为花厂陈列各种名花。更在东边空地，开辟一处菜园，种上各种菜蔬。为是游人走到那里，可以领略乡间的风味，这也是城市之中不可少的境界。

城南公园的内坛部分是在建设几乎全部完成之后开放的，但目前仅能通过《市政通告》得知它最后的建设成果。而城南公园外坛部分的建设因为"经费未充"，不得不"先事绘图设计，分别筹备"，先将最紧要的修筑马路、种植果林、辟建新门和开设游艺场完成，"至于其他设计通竣，逐年酌量财力，列入预算，次第举办"。由于筹建初期资金有限，筹款又有不确定性，因此公园的建设可能很难在一开始就制订明确而完整的建设方案。为了公园能够迅速向市民开放，先铺设道路，便于游览，其他建设则根据资金和需求分出轻重缓急，逐年添建。

## 外坛区承租与北外墙拆除

1914 年底至 1915 年初，先农坛外坛北部由商人承租，修建"城南游艺园"（亦称"城南游艺场"）。园内设有茶社、饭店、戏楼、酒肆、杂货摊、跑马场、露天电影院、保龄球馆、旱冰场等。同时期，北外坛墙内和东北外坛墙内陆续开设酒馆、茶馆、杂货摊等平民商业场所。

由于军阀混战，民生艰难。中华民国政府迁都后，北外墙逐渐拆除，被居民区、市场占用，形成街道，导致城南公园的范围仅限于北京先农坛内坛区及神祇坛，这一格局延续到城南公园关闭。1922 年，内务部由于经费拮据，将外坛空地承租或出售给平民、商人使用。其中西外坛改成了菜地或种粮，致使大量古树被砍伐做柴薪或寿材，造成外坛景观大规模破坏。

十五年，内务部去先农坛外围墙，其内空地，招商承买，于是有资者，在坛之东北角，添建先农市场。其旁边更辟惠元市场、城南商场、天丰商场、天桥西市场、福长街，而商肆由此鳞集矣。

随后几年，内务部逐步拆去北外坛墙，大量居民移驻北外坛，在原坛墙东北角处先后出现市场和街道。1929 年，城南游艺园出现大罢工，经营陷入困境，于次年停办。

# 内坛区租赁与占用

## （一）北伐战争后内坛空地出租

1928 年内务部礼俗司坛庙管理处正式称为管理坛庙事务所，归南京政府管辖。该所由于经费紧张，为了维持运作，不得不拍卖坛内鹿只、伐树卖薪，并出租内坛空地，开办鹿场、蜂场、兔场，种植菜蔬等，如：立租约人刘幼辅，承租庆成宫后身空地七亩半，作为养鹿之所，租期七年，自民国十八年六月一日起至廿五年五月终止，租价定为前三年每年每亩四元，三年后每年每亩五元；立租约人益仁堂，承租先农坛内官地六亩七分五厘，开设养蜂场，租期一年，自十九年二月一日起至二十年一月三十一日止，租价定为每年六十五元；立租约人刘镜秋，承租先农坛内管理所后身，开设锡计鹿圈，租期二年，自十九年九月一日起至二十一年八月三十一日止，租价定为每年伍拾元……养蜂场和鹿圈的开设，免不了要支搭凉棚、建筑房屋或搭盖棚洞穿井，以及筑造水井等。这些设施的兴办和工人的来回，在不同程度上会对先农坛内部的环境有所损害。

## （二）军队占用

1931 年 7 月，东北第四通信大队全队官兵马匹占驻先农坛内神厨及庆成宫。

一个月后驻军迁出，东北边防军通信队复又迁入占用。虽然军队占用前，就已经向士兵说明禁止毁坏器物、门窗等，但房间免不了遭到损坏，因此内坛部北平坛庙管理所申请拨款修理。

> ……以先农坛内庆成宫、神厨、打牲亭三处房间，由前京师警察厅借作巡警教练所，嗣后送经军队占用，现在驻军业经开移。该处房间迭造损坏，亟待修理，即请拨还，俾便施工等因。准此。查该处前驻军队虽属迁移，而东北边防军通信队复又迁入占用。

此后，太岁殿、诵幽堂、庆成宫等处皆为国民军 105 师占用。

> 先农坛内，除神仓及库房为坛庙管理所所址外，其余各处如太岁殿、诵幽堂、庆成宫等处，皆为一〇五师占用……该坛虽为坛庙管理所办公之地，亦荒芜不堪，观耕台西已成瓦砾之场。

（三）学校占用

1949 年 8 月，经中共中央华北局第一书记薄一波的批准，华北育才小学（又称延安保育院小学）与华北大学分部一同入驻先农坛，占用内坛区、神祇坛区。被学校占用后的先农坛整体建筑布局未有太大变化。

# 先农坛体育场的建立

1934 年，北平第四任市长袁良决定在先农坛东坛修建北平市公共体育场，并定名"北平公共体育场"。1936 年春正式奠基，次年竣工，但因日本法西斯发动全面侵华战争，体育场不得不搁置而无法利用。1938 年春，由"北平市政府教育局"批准，委派焦嘉浩为场长，周炳麟为管理员进驻场内办公，同年 4 月，在东大门悬挂"先农坛公共体育场"的匾额。1940 年春，敌伪华北运输公司占用先农坛体育场大部分面积囤积粮食，在东大门设有门卫，来场活动的单位和个人经常受到阻拦，体育场难以发挥民众锻炼的作用。1945 年，内战爆发，先农坛体育场被国民党军队辎汽二十二团占据，运动场地被毁，直到 20 世纪 40 年代后期，先农坛体育场才再次得到利用。

> 此宫以南的空地被北京市政府辟为公共体育场，从被锁门的缝隙中看去，此处似乎没有被使用过，被废弃了，只不过留下一个篮球场。

# 结 语

1988 年，北京市文物局宣布在先农坛太岁殿挂牌成立"北京古代建筑博物馆"，负责先农坛古建筑的逐步修复和收回工作。1991 年 9 月

25日，北京古代建筑博物馆正式对外开放，成为我国第一座以收藏、研究、展示中国古代建筑历史、建筑艺术的专题性博物馆。北京先农坛是弥足珍贵的文化遗产，传承着中华优秀传统文化，在经历百年风雨后，以崭新的身份重新回到人们的视野中。

今天，北京先农坛作为北京中轴线申遗确定的遗产点之一，其历史遗存将得到更好的保护，先农历史文化内涵也将会得到更多关注。

**参考文献**

［1］《北京先农坛史料选编》编纂组编.北京先农坛史料选编［M］.学苑出版社，2007.

［2］董绍鹏，潘奇燕，李莹.先农神坛［M］.学苑出版社，2010.

［3］北京古代建筑博物馆编.北京先农坛志［M］.学苑出版社，2020.

［4］金汕.当代北京体育场馆史话［M］.当代中国出版社，2015.

［5］李飞.北京古物保存所考略——兼论其与古物陈列所之关系［J］.中国国家博物馆馆刊，2016.

［6］吴丽平.国家祭典的历史变迁和当代复兴——以北京先农坛祭祀为例［J］.民间文化论坛，2014（3）.

［7］蔡越.民国时期北京市公共园林发展研究［D］.北京：北京林业大学，2017.

［8］奚方圆.民初北京皇家禁苑的公园转型［D］.长春：东北师范大学，2016.

周磊（陈列保管部馆员）

# 论北京先农坛在北京中轴线
# 申遗中的关键地位

北京中轴线为南起永定门，北至钟鼓楼，贯穿北京旧城南北两端长达7.8公里的城市轴线，以及轴线两侧的古建筑群和传统街区。中轴线与向心式格局并称为古都北京城市建设中最突出的成就，不仅是我国古代都城城市轴线唯一保存完整的实例，也是世界现存最长的城市中轴线，是中国古代城市营建理论经过数千年演变和发展逐渐走向成熟的典型范式。

2012 年北京中轴线正式入选世界文化遗产预备名单，并于 2018 年 7月确定了永定门、先农坛、天坛等 14 处遗产点，象征着中轴线申遗正式启动，计划于 2030 年基本达到申遗要求，2035 年内实现申遗目标。随着城市历史风貌环境保护认识的不断提高，近年来遗产保护的对象已经由建筑单体、建筑群逐渐扩展到整体历史环境的可持续保护。北京中轴线及其周边包含的众多古建筑群和传统街区，是遗产整体环境保护的典型范例，其申遗目的不仅仅是为我国增添新的世界文化遗产，更重要的是以中轴线申遗作为契机和引领，实施北京明清老城历史环境的整体保护和提升。

北京先农坛是中轴线申遗中南起永定门后的第一个遗产点，与天坛通过中轴线东西对称分布，是现存唯一一座明清帝王祭祀先农等神灵的皇家坛庙，作为先农历史、祭祀文化的空间载体，无论是在整体格局、历史环境、历史文化、古建艺术，还是在现代社会价值等方面，都是中轴线重要的遗产点之一，在申遗中起着至关重要的作用。

## 一、北京中轴线的历史沿革与申遗关键节点

轴线是古代城市格局的基础和核心所在。北京旧城传统中轴线是明清时期为强调古代帝王中心地位、巩固封建政权而规划的特色城市格局，连接着外城、内城、皇城和紫禁城四重城市，与古代城市制度有着

鲜明的逻辑关系。中轴线造就了古代北京严整肃穆的城市秩序，梁思成先生将其特征简略概括为十六字："南北引伸、一贯到底、前后起伏、左右对称。"

北京中轴线的基本格局是在明代形成的，明成祖进京后，以元大都中轴线为基础，营城时将北面中轴线向东移动，使宫城回到主轴，且与皇城轴线合二为一，将中央官署置于紫禁城正前方，将原先诸神合祭的郊坛分置在中轴线的两侧，并将太庙和社稷坛安排在了皇城之内、紫禁城之前，由此构建了一套完整的祭祀礼仪设施，整条中轴线北起钟鼓楼，往南过地安门进入皇城，自北向南依次为景山、紫禁城、棋盘街及正阳门，南部过正阳门外大街以永定门作为整条中轴线南端的终点，形成了"中轴贯彻，左右对称"的城市主轴线。

自北京中轴线进入世界文化遗产预备目录以来，各相关文物保护部门已先后启动了多项促进申遗的环境整治及文物保护修缮工程。目前已确定的中轴线申遗核心区总面积约 470 公顷，建设控制与缓冲区面积约 4675 公顷，涵盖 60% 的北京老城面积。在遗产申报点的选择上，除元、明、清时期的既有历史建筑外，一批具有历史和革命意义的近现代建筑也在申报范围之内，最终于 2018 年 7 月 4 日确定了包含先农坛在内的 14 处遗产点。

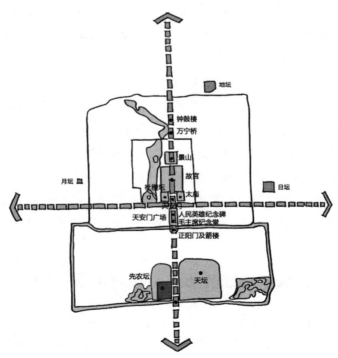

北京中轴线申遗的 14 处遗产点

## 二、北京先农坛的历史沿革

　　北京先农坛是我国现存唯一一座明清皇家祭祀先农的遗迹，被称之为"神州先农第一坛"。北京先农坛始建于明永乐十八年（1420年），为明成祖朱棣依洪武九年（1376年）建造的南京先农坛旧制而建，是明清两代帝王"亲耕享先农"之所，与天坛通过中轴线东西对称，历经明嘉靖年间的改制以及清乾隆时期大规模的改建和修缮，形成了现有的空间格局。

　　明永乐十八年（1420年），明成祖朱棣于正阳门南端西侧建山川坛来合祀诸神，缭以垣墙，周回六里，中为殿宇，左为旗纛庙，西南为先农坛，东南为具服殿，南皆耤田，先农坛内坛格局于是基本形成。明天顺二年（1458年），于山川坛东侧内外坛之间增建斋宫。明嘉靖年间，由于对祀典制度全面更定，众神分祀，京城新建日坛、月坛等多坛，先农坛内外坛墙之间也新增天神、地祇两坛，分祀诸神，山川坛正殿专祀太岁；耤田北侧搭建木构观耕台，供皇帝观看文武百官演耕；嘉靖十一年（1532年）于正殿东侧内坛东墙处建神仓。明万历四年（1576年），正式更名为先农坛。至此，各专祀殿宇以不同的规制和各具特点的建筑形式奠定了北京先农坛建筑布局和建筑形制的基础。

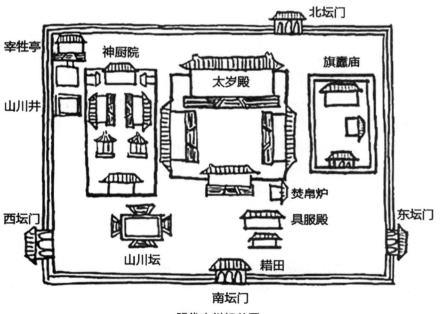

明代山川坛总图

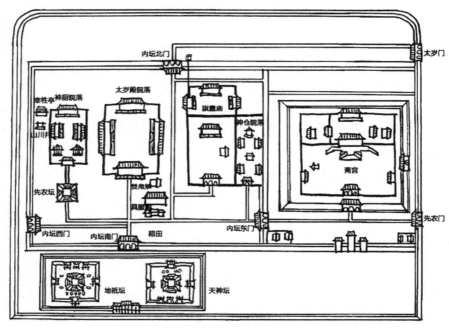

《雍正会典》先农坛总图

清乾隆年间，政局稳定，国力昌盛，对先农坛内建筑进行了大规模的修葺、改建和扩建。撤旗纛庙前院，移建神仓，将临时性的木构观耕台改建为永久性的琉璃砖石结构，斋宫更名为庆成宫，供皇帝宴请群臣；乾隆年间在修缮时除建筑本身外，还关注于建筑环境，于坛内遍植松柏榆槐、苍松佳木，形成与祭祀庄严肃穆氛围相衬的仪树阵列。至此，北京先农坛历史格局正式形成，乾隆后的历朝仅对先农坛进行定期的修缮而再未有大规模的修造。历经明清两代的营建、改制、扩建及修缮，展现在我们面前的即拥有600多年历史，集宫、坛、庙、台于一体的北京先农坛，展示了悠久的农业文明和中国祭祀礼制逐渐完备的过程。

鸦片战争后，随着封建王朝的衰弱，祭祀制度与先农坛也日渐弛废，在往后的各时期都受到了不同程度的破坏。先农坛于1907年停止皇帝亲祭礼，辛亥革命后，民国政府设内务部礼俗司接管先农坛，将全北京坛庙祭器统一存放于先农坛太岁殿及两庑中，并成立古物保存所；后先后辟为先农坛公园和城南公园，向公众开放，于1917年拆毁先农坛外墙，后因管理不善和经费不足，外坛逐渐被租卖和蚕食，1936年政府于外坛东南角修建体育场，至此，规模庞大的先农坛仅剩核心的少量明清殿宇。新中国成立后，北京育才学校迁入先农坛内坛并沿用至今，1987年太岁殿院落收归文物部门，并进行抢救性修缮，1988年成

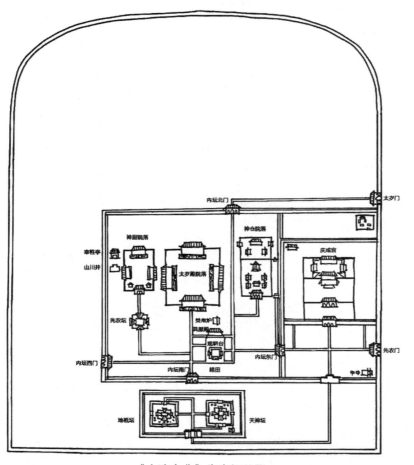

《大清会典》先农坛总图

立北京古代建筑博物馆筹备处，1991年9月北京古代建筑博物馆（后文简称古建馆）正式对外开放。在后续的十几年间，对主要建筑群和坛台等单体进行了不同程度的修缮，还将原处于外坛、被各单位占用和破坏的地祇坛石龛移至馆内，于太岁殿西南处、先农坛东侧安放，成为馆内的一处新景观。

## 三、先农坛在北京中轴线申遗中的关键价值分析

### （一）历史环境价值

中轴线是我国古代城市规划建设的基础和核心。北京中轴线不是一根贯穿北京老城南北的"线"，也不是一条道路，而是北京的核心区

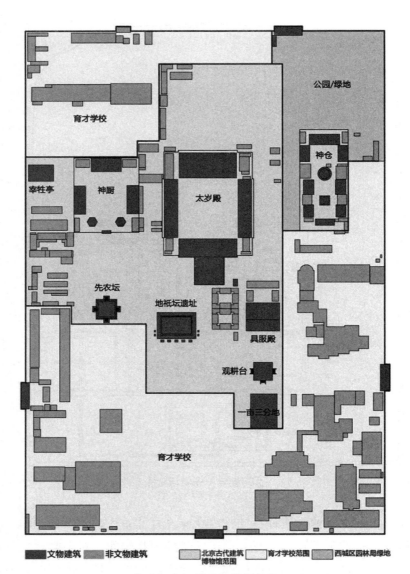

公园/绿地

育才学校

神仓

宰牲亭　神厨　太岁殿

先农坛　地祇坛遗址

具服殿

观耕台

一亩三分地

育才学校

■ 文物建筑　　非文物建筑　　北京古代建筑博物馆范围　　育才学校范围　　西城区园林局绿地

**先农坛内坛的建筑分布现状**

域经过持久的设计和建造形成的空间序列和城市景观。中轴线在空间的功能布局上自北向南依次为进行时间管理的钟鼓楼、皇城、皇城以南的仪典空间、政务空间以及南端两侧的祭祀空间，先农坛即中轴线上皇家祭祀空间的主要建筑群之一。当我们对北京中轴线进行航拍时，从多种角度都能看到先农坛的身影，中轴线布局所体现的壮美秩序、规划思想和权力象征在先农坛整体环境中也能看到其缩影。

北京中轴线在申遗时所符合的价值标准主要为杰出严整的都城规划、体现的传统社会文化和人类创造的精神财富，作为大范围城市历史景观的空间载体，其历史环境的遗产价值是遗产认定中最重要的部分。先农坛作为中轴线整体历史环境中西南方向的关键遗产点，其历史环境的和可持续保护在中轴线申遗中起到了举足轻重的作用。清乾隆大修后的先农坛总面积130公顷，由内外两重围墙环绕，外坛墙呈北圆南方状，内坛墙为长方形。从整体历史环境来看，先农坛内外两坛层次分明、建筑规划严整、流线与功能相互协调。而后由于经历了20世纪20—30年代的租售、改造和建设，原本神圣空旷的外坛已不复存在，除内坛坛墙部分尚存和外坛东、南角坛墙于近代修复过外，院墙基本无存，外坛东北角以及神祇坛格局消失；内坛与庆成宫、先农坛与中轴线之间连通的道路被阻隔，先农坛整体历史环境受到了极大的破坏，内坛历史院落的空间布局虽然基本得到延续，但其原有空地被学校等外来单位占用，神圣空间的原真性和完整性也受到了严重的破坏。

研究和恢复整体历史环境有利于更全面地保护和展示先农坛的历史文化，彰显皇家祭祀坛庙建筑庄严肃穆的文物氛围。先农坛历史环境的恢复，是从城市格局和宏观环境上保护历史文化名城的重要举措，是恢复北京城传统中轴线景观、展现中轴线的历史环境遗产价值中必不可少的条件。

## （二）历史文化价值

北京中轴线反映了传统文化中对于"礼"和秩序的追求，是中国优秀传统文化的集中体现，展现了不同时期、不同阶级历史文化的传承和发展，整体的线形布局和关键遗产点的点状分布是延绵不绝的京城记忆和重大历史事件的载体。北京先农坛是北京城南地区重要的历史文化物质遗存和文化资源，其蕴含的历史文化价值，主要包含我国源远流长的农耕文化以及皇家祭祀先农的礼制文化。我国自古即为农业大国，历朝历代皆重农固本，具有丰厚的农耕文化积淀，历朝帝王也以祭农神来表达对丰收和国泰民安的祈愿。北京先农坛是明清帝王用于合礼先农、太岁、五岳等诸自然神的坛庙，是明清祭祀文化最重要的载体之一。祭祀先农神既是中国古代祭农文化的精髓，也是世界农神文化的重要组成部分。

历代帝王自古即有祭祀先农之说。自黄帝始，历经西周、春秋、秦汉、魏晋南北朝、隋唐的更替和演进，祭祀先农逐步礼制化，而明清时期建制的北京先农坛则把这种神圣的传统文化发展到了顶峰，祭祀的礼制和仪式趋于具体和丰富化。本馆多年来对先农坛祭农文化进行了大量和细致的研究，此处不再赘述。

先农坛除了其自身经历600年风霜所展现的祭农文化外，对于它的现代功能，北京古代建筑博物馆还赋予了它新的历史文化价值。古建馆依托这样一座明代早期官式建筑的古建群，蕴藏的中国古代建筑的历史文化是独特且丰富的，除文物本体的建筑艺术价值外，馆内展陈了中国古代建筑发展历程、古代建筑营造技艺、古代建筑类型欣赏以及匠人营国古代城市建设等多个方面，复原和制作了大量中国古代建筑的大木构件和古建模型，著名的隆福寺藻井也收藏其中，都是我国古建文化的壮丽瑰宝。

（三）建筑艺术价值

北京中轴线作为兼具秩序与美学的城市规划范例，拥有着中轴对称、均衡的空间格局，在整座城市中发挥着统领作用，北京中轴线及其周边不同规制、不同时期、不同民族、不同宗教信仰的建筑，既体现了城市文化的多样性和包容性，也体现了中华建筑的丰富性和融合性。不同的建筑形式承载着不同的历史信息，代表着不同的文化内涵，主从相依、和谐共存，充分展现了我国不同时期各具特色的建筑艺术特征，这点在先农坛古建筑群中也有很好的体现。

坛是我国古代建筑中相比于殿、庙、塔等建筑形式，较为少见，是凤毛麟角的存在，同时先农坛也是京内明代早期官式建筑最为集中的场所，而作为古都京城皇家祭祀先农的建筑，在功能上也是独一无二的，拥有着极高的建筑艺术价值。先农坛的整体建筑格局一反中轴线对称布局的规制，其内部建筑分散又集中。整体布局分为内坛和外坛两部分，主要包含五组建筑群和四座坛台，内坛建筑格局保留至今，外坛已基本无存。内坛为主要祭祀空间，包含太岁殿院落、神厨院落、神仓院落、先农坛、观耕台、具服殿、宰牲亭、焚帛炉等多组建筑群和各具功能的建筑单体。外坛区域包含庆成宫院落和神祇坛，神祇坛内设天神、地祇二坛，现仅剩零星构件。

坛内各建筑群拥有着多变的建筑风格，有体量犹如宫殿的大型院落，也有小如四合院的小体量院落，整体布局"大分散，小集中"，不存在轴线和对称分布，单院落中轴明显、两翼对称，建筑群自成体系，功能布局上自西向东依次按祭祀顺序和礼仪布置。内坛中规格最高的建

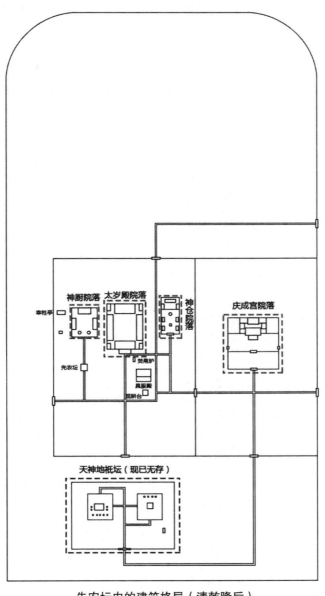

神厨院落　太岁殿院落　神仓院落　庆成宫院落

奉牲亭

先农坛

焚帛炉

具服殿
观耕台

天神地祇坛（现已无存）

先农坛内的建筑格局（清乾隆后）

筑群为太岁殿院落，其太岁殿和拜殿均面阔七间，进深三间，黑琉璃瓦绿剪边单檐歇山顶，其梁柱、屋架、斗拱等结构均为明代官式建筑手法，内檐为墨线大点金旋子彩画，外檐金龙和玺彩画，东西配殿均为悬山黑琉璃瓦屋面，大木构架为明代早期特色，拜殿东南另有仿木结构的砖砌无梁建筑焚帛炉一座；先农神坛为先农坛的核心功能建筑，是一座砖石结构坐北朝南的正方形坛台，坛出四陛，各八级台阶，地面砌金砖，没有任何装饰；观耕台为现存的另一座坛台建筑，砖石砌筑，饰谷穗图案琉璃砖，其上加汉白玉石栏，台阶饰莲花浮雕，其北侧具服殿为皇帝祭农后亲行耕藉礼更换服装的场所，也为单檐歇山顶明代官式建筑；神厨院为制作祭祀供品及存放祭祀礼器的场所，院内东西北殿均为削割瓦悬山顶，东南、西南两角各一座六角井亭，院外西北方设宰牲亭，采用重檐悬山，此屋顶形制为北京皇家坛庙宰牲亭类建筑中的孤例；太岁殿东侧神仓院用于储存藉田所获五谷，内设山门、收谷亭、圆廪神仓、祭器库、碾房和仓房，前后两进院落，在先农坛建筑群中是一处体量较小的院落；庆成宫，原明代山川坛斋宫，是祭礼后皇帝宴请群臣及休憩的场所，三进院落，其大殿及后殿均为最高规格的庑殿顶，是外坛最为重要的建筑群之一；神祇坛分建天神坛、地祇坛，用于祭祀山岳、海渎等自然神祇，现坛已无存，仅地祇坛石龛易地保护于古建馆内。

先农坛建筑群拥有典型的明代早期特色，多座建筑结构采用减柱做法，梁背上所用瓜柱采用骑栿做法，斗拱多为镏金斗拱，挑金做法，作为明代早期官式建筑最为集中的场所，具有很高的科学研究价值和艺术美学价值。

### （四）现代社会价值

先农坛历经 600 年的风雨沧桑，现今由不同的单位管理和使用，其中内坛的古建筑主体以及外坛的庆成宫，目前皆为文物保护单位北京古代建筑博物馆的管辖范围。北京古代建筑博物馆于 1991 年正式开放以来已接待游客数百万人次，作为展现祭农文化和古建文化的物质载体，集收藏、研究、教育、欣赏于一体，馆内基本展陈包含《中国古代建筑展》和《北京先农坛历史文化展》，前者展示了中国古代建筑的历史、类型和精湛的营造技艺，后者展现了先农坛 600 年来历史的沧桑变化，传播了精妙的古建文化及农业和祭祀历史。

先农坛的现代使用价值主要体现在文物收藏价值和社会教育价值。文物收藏主要为传统建筑构件的征集、保管以及北京先农坛历史文化的研究工作。近年来，古建馆多次举办各类特色文化活动和互动科教项目，如"祭先农、植五谷、播撒文明在西城"的先农文化节、"敬农文化展演"和"一亩三分地耤田礼"等文化类观赏活动，以及"木艺坊""走进中华古建""奇妙的古代建筑"等古建教育活动，集赏、玩、学于一身，寓教于乐，增强乐趣和游客观感的同时更好地宣传悠久的先农祭祀文化和古建文化，是先农坛地区乃至西城区核心的公共文化教育和服务场所。

# 四、先农坛的现状问题与保护建议

综上所述，北京先农坛历经 600 年沧桑历史，其历史积淀、时代发展与现代使用等方面都赋予了它不同的价值，作为中轴线申遗的关键遗产点，在历史遗留及目前的使用和保护方面还存在着一定的问题，针对其历史价值与消极问题，提出相应的对策和保护建议。

## （一）消极问题

### 1. 历史遗留的文物破坏问题

近现代以来，先农坛在不同时期经历了不同程度的破坏，1900 年八国联军占为军事训练场所，清末将内坛北部辟为鹿囿，民国时期外坛的售卖和拆除，东南角修建先农坛体育场，"文革"时期拆天神地祇坛等……不同时期不同程度的破坏使先农坛整体格局受到了严重的影响，导致一些文物建筑零散地分布在现代钢筋水泥楼之间，既加大了文物保护的难度，更影响整体景观，大大降低了文物价值，也不符合当前先进的文物保护理念。

### 2. 整体环境的风貌破坏问题

受到城市发展的影响，不仅是先农坛，中轴线许多靠近古建的地段都加建了一些体量高大的现代建筑，对古都历史风貌的协调统一造成了一定的破坏。先农坛尤其是外坛部分现被大大小小的单位、学校、居民区、体育场甚至是一些违章建筑包围和占用，其通向中轴线道路、内外坛连接道路、关键祭祀道路等都部分无存，连通性、真实性和完整性都受到了严重破坏。内坛中也存在着大量后期加建的仿古建筑，对先农坛内坛古建筑群的格局和风貌也存在着一定程度的影响。

### 3. 保护管理的混乱冗杂问题

不同使用功能、不同单位的占用问题是先农坛保护的突出问题和关键问题，其涉及单位和部门多，区域范围广，大部分范围尤其是外坛的使用单位和大量居民区无法实现腾退和保护。目前先农坛内坛墙北门以西和庆成宫院落为北京市古代建筑博物馆使用，神仓院落为北京市古代建筑研究所租借，二者均负责对先农坛实施保护、修缮与日常维护管理，但管理范围仅限于古建馆的使用范围，难以实现整体的保护与管理，在与各使用单位接洽过程中也存在着很大的沟通与管理问题。

### 4. 考古研究的内容庞杂问题

在中轴线申遗的大背景下，先农坛目前的考古资料略少，这也是由先农坛广阔的范围、大量的占用等现状问题所决定的，因而应通过考古探勘等方式深入挖掘先农坛的历史文化，尤其是关键祭祀道路的地面考古，为中轴线申遗提供扎实的基础资料和申遗文本。

### 5. 地理位置与宣传力度问题

先农坛现对外开放的大门为北内坛门，主入口虽有三拱门歇山砖仿木拱券门，但由于入口位于城市支路的下一级支路，且周围由居民区和各种多层的现代建筑环绕，很难被过往的路人发现，并且先农坛作为明清时期皇家祭祀农神的坛庙建筑，大众对这部分历史文化不甚了解，再加上宣传较少，因此难以像天坛等类似建筑群那样被大众熟知。

## （二）保护建议

针对先农坛在北京中轴线申遗中的关键地位以及现存的突出问题，通过分析近年来国内外较为成功的遗产保护案例并结合不同文物保护单位的优秀经验，提出以下几点保护建议。

### 1. 尽快启动先农坛总体规划

先农坛建筑群是一个整体，每个建筑组群之间与周围环境都有着密不可分的联系，中轴线申遗是整体城市风貌和城市环境的范畴，应在此大背景下尽快将先农坛总体规划提上日程，以便后续各项工作以及各部门衔接提供依据。

### 2. 恢复先农坛整体历史风貌

整体保护是旧城建筑保护及其历史环境保护的重要原则，应在充分考虑现状情况和可行性的前提下，依据规划和计划来分期分步有序进行，尽量还原先农坛历史风貌。首要任务是先农坛内坛环境整治，优先恢复关键祭祀道路（观耕台至内坛东门祭祀道路、拜殿至内坛南门祭祀道路），拆除风貌不协调的新建建筑，目前，古建馆内后续加建仿古建筑的拆除工作正在逐步进行中，育才学校的腾退和搬迁也在按部就班地进行。

### 3. 开展先农坛内坛的考古勘探工作

考古勘探工作可以对遗址遗留的物体或遗址的结构、特点、面积等方面进行大概的了解，为后期的保护工作提供更多的依据和支持，对内坛和关键祭祀道路开展考古勘探，深入挖掘历史资料，为内坛环境整

治和后续的保护利用提供依据。

**4. 管理和使用部门的协调和整合**

目前先农坛的使用和管理单位多且杂，内坛也涉及了古建馆、古研所、育才学校和园林局等多个单位，在古建修缮、遗产保护、日常使用等方面都有诸多不便，先农坛主体部分尤其是内坛应由关键单位统一管理，减少由于管理纷杂带来的历史建筑破坏，以及由于多部门协调不畅产生的古建保护修缮拖延等问题。

**5. 博物馆的馆务提升**

作为先农坛主体建筑的管理部门和使用部门，博物馆应从多方提升馆务，首先最基础也是最重要的是做好遗产的保护和修缮工作，日常的防火减灾措施应严谨到位；其次是博物馆的功能与内容方面，丰富公共空间的多重功能，以传播历史文化的博物馆为主体，兼具公园等休闲娱乐功能，宣扬历史、传播文化的同时加强社区联系；丰富展览和活动内容，基本陈列展览、临时展览、外出展览和特色活动相结合，目前古建馆日常已策划多种多样的特色活动，调动游客积极性，也在逐渐学习和设计互动展览、沉浸式体验、数字化博物馆等新兴策展形式；最后，在对外合作与宣传方面，在现有基础上继续加强与行业内其他博物馆以及各类院校的合作，利用微博、微信公众号、抖音等年轻人常用的新媒体提升宣传广度和力度，筹划线上展览等，让更多的人了解、认识先农坛和古建馆。

近年来，遗产保护的主体已经逐渐从建筑单体、建筑群的保护向整体历史环境的保护相转变，中国的文物保护意识逐渐增强，保护概念和保护技术也日益成熟和先进，北京中轴线申遗就是北京老城区整体环境保护和可持续发展的范例。先农坛不仅是中轴线 14 处遗产点中的一处关键遗产，也是明清皇家坛庙建筑的典范，应在中轴线申遗的大背景下，深入挖掘考古信息、研究历史文化，实现整体保护、科学保护和可持续保护，让这座承载着先农祭祀文化的明清坛庙建筑受到人民、国家乃至世界的了解和重视。

**参考文献**

[1] 陈旭，李小涛. 北京先农坛研究与保护修缮 [M]. 清华大学出版社. 2009.

［2］北京古代建筑博物馆编．北京先农坛志［M］．学苑出版社．2020.

［3］吕舟．北京中轴线申遗研究与遗产价值认识［J］．北京联合大学学报（人文社会科学版）．2015（2）：11-16.

［4］韩洁，曹鹏．北京先农坛的变迁及其保护规划的建议［J］．西安建筑科技大学学报（自然科学版）.2005（2）：220-222，228.

［5］张小古．北京先农坛遗产价值研究与保护模式探索［J］．北京规划建设．2012（2）：94-98.

［6］李素静．浅论考古勘探工作与大遗址保护［J］．中国民族博览.2017（10）：230-231.

王昊玥（文保部）

# 古建筑保护

北京古代建筑博物馆文丛　第八辑　2021年

# 先农坛太岁殿建筑大木构架特征分析

先农坛始建于明永乐十八年（1420年），是明清两代皇帝祭祀先农以及进行亲耕耤田典礼的场所。先农坛作为北京中轴线重要的遗产组成要素，与天坛东西相对，具有较高的历史、艺术和科学价值。太岁殿位置基本在先农坛内坛的中心地带，建筑体量为先农坛之最，具有典型的明代建筑特征。

恰逢中轴线申遗工作大力推进的今天，随着工作的深入，越发感到将先农坛内文物建筑的时代特征加以梳理和研究，对于保护文物建筑的真实性是大有裨益的，它既是开展各项保护修缮工作的基础，也是恢复北京中轴线历史风貌的必要条件。故以《先农坛太岁殿建筑大木构架特征分析》为题，通过对太岁殿大木梁架的法式特征研究，并与宋《营造法式》和清工部《工程做法》相关制度进行对比，从太岁殿的平面形制、剖面构成、立面构成、斗拱等方面，对太岁殿的特征进行系统的分析研究，为先农坛文物建筑的保护与修缮提供依据；并为进一步研究明代官式建筑大木法式特征补充实物例证。

## 一、先农坛太岁殿建筑概况

太岁殿组群建筑占地约9076平方米，内有四座单体建筑，中轴线由南向北依次为拜殿、太岁殿、东西两侧各有厢房11间，建筑间由院墙连接构成封闭院落。太岁殿位置基本在先农坛内坛建筑的中心。通面阔七间46.69米，进深三间21.17米，十二椽十三檩，七架梁前后出三步梁，四柱，构架前后对称，单檐歇山建筑。斗拱为七踩单翘双昂镏金斗拱，挑金做法。建筑前檐七开间均设槅扇门，其余东、西、北三面为砖墙。室内为彻上露明造，黑琉璃瓦绿剪边挑大脊屋面。

太岁殿南立面

北

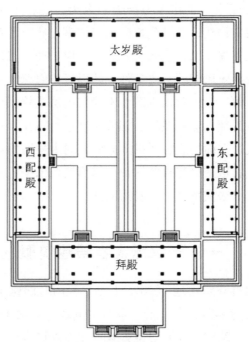

太岁殿建筑群总平面图

## 二、太岁殿历史沿革概述

今天的太岁殿，它的前身是明代山川坛正殿，始建于明永乐十八年（1420年）。自建成以来，在历史上虽经过历次修缮，但大木构架仍保留了明代风格。

无论历史怎样变迁，先农坛的山川坛建筑群（明嘉靖时改称太岁殿建筑群）正殿，都一直都供奉着太岁神，是皇家祭享场所。直至1914年，中华民国政府设中华民国忠烈祠于太岁殿，祭奠黄花岗七十二烈士，这一制度一直沿袭到七七事变。1987年，太岁殿建筑群收归文物部门管理，同期进行了全面的抢救性修缮。1991年，以太岁殿建筑群为博物馆主要依托，北京古代建筑博物馆正式向社会公众开放。2001年，包括太岁殿在内的北京先农坛被公布为第五批全国重点文物保护单位。

## 三、太岁殿大木架构成

### （一）平面构成

太岁殿平面布置呈长方形，平面柱网规整严谨、纵横有序、排列整齐。四柱一间为其基本格式。通面阔七间，46.69米，进深三间，21.17米，七间三进，且构架前后对称。

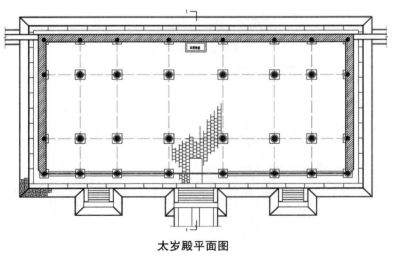

太岁殿平面图

### 1. 明间面阔的确定

太岁殿明间面阔的确定与宋、清制均不相同，还未形成用固定的攒当尺寸为单位来确定面阔的方式，但逐渐向清代规定的以斗拱间距11斗口的倍数靠拢。宋代建筑在设计时，先定地盘、侧样，再置斗拱，因此面阔的尺寸在地盘设计中已确定，与铺作数量及铺作间距没有直接影响；清《工程做法》中规定："凡面阔、进深以斗科攒数而定，每攒以斗口数十一份定宽。"即以斗拱间距11斗口的倍数定面阔尺寸。如明间斗拱6攒，共7个攒当，每攒当11斗口，明间面阔即77斗口。

太岁殿、拜殿明间面阔合76.9斗口，斗拱6攒，明间斗拱攒当10.8斗口—10.9斗口，数值虽不固定，但我们可以发现明间开间尺寸逐渐向清代《工程做法》中规定的以斗拱间距11斗口的倍数靠拢。

### 2. 明间、次间与梢间开间尺寸的比例

太岁殿在开间尺寸的比例确定上与宋、清均不相同。宋《营造法式》仅举例"明间一丈五尺，次间一丈"，即次间为明间的2/3；清代《工程做法》则规定："面阔按斗拱定，明间按攒当分，次间、梢间各逐减斗拱攒当一份。"清代每攒当合11斗口，即次间、梢间各逐减去11斗口。

同为七开间厅堂式建筑的拜殿与太岁殿开间尺寸比例确定上大致相同：明间＝次间＞梢间＝尽间（明间与次间、梢间与尽间尺寸大致相同）与宋式、清式做法不符。

**太岁殿各开间尺寸表**

| 名称 | 明间尺寸 | 次间尺寸 | 梢间尺寸 | 尽间尺寸 |
|---|---|---|---|---|
| 各开间尺寸（厘米） | 831 | 793 | 571 | 555 |
| 折合成斗口数 | 76.9 | 73.4 | 52.8 | 51.3 |

**拜殿各开间尺寸表**

| 名称 | 明间尺寸 | 次间尺寸 | 梢间尺寸 | 尽间尺寸 |
|---|---|---|---|---|
| 各开间尺寸（厘米） | 830 | 790 | 570 | 560 |
| 折合成斗口数 | 76.9 | 73.1 | 52.8 | 51.9 |

### 3. 面阔与进深之比

从下表中可以看出，面阔五至七间的明代建筑，通面阔与通进深比值取值比较灵活，上下变化较大，但多在2：1至3：1之间。

太岁殿因祭祀功能需要，需增加室内面积，但受建筑等级限制，

面阔开间数量不能增加，因此只能增加进深尺寸来增加室内空间，因此太岁殿与拜殿虽然总面阔数值相近，但进深取值却相差很大。

明代厅堂建筑通面阔与通进深比例一览表

| 建筑名称 | 通面阔/通进深 | 平面形制 |
|---|---|---|
| 先农坛太岁殿 | 2.21/1 | 七间三进 |
| 先农坛拜殿 | 3.67/1 | 七间三进 |
| 先农坛庆成宫后殿 | 2.83/1 | 五间三进 |
| 先农坛神厨院西配殿 | 2.96/1 | 五间三进 |
| 社稷坛前殿 | 2.64/1 | 五间三进 |
| 故宫钟粹宫 | 2.35/1 | 五间三进 |

（二）剖面构成

太岁殿建筑大木构架基本承袭宋《营造法式》中厅堂式的基本结构形式：十二椽十三檩，单檐歇山式建筑，彻上明造；七架梁前后出三步梁，四柱，构架前后对称。

太岁殿室内梁架

檐柱高 6.2 米，金柱高 10.35 米，建筑室内总高 15.97 米，檐下采用七踩单翘重昂镏金斗拱，挑金做法。其昂的后尾直接悬挑金檩。梁枋节点处施十字科斗拱，与面阔方向的一斗六升襻间斗拱相呼应。七架梁与随梁枋间置隔架斗拱，梁背上瓜柱采用骑栿做法。

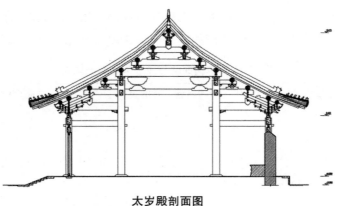

太岁殿剖面图

### 1. 举高与折屋曲线

从现存实例看，宋代屋面坡度较缓，建筑举高多在1∶4。至明代，建筑屋面举高进一步加大，屋顶定高逐渐以举架之法代替了举折之法。

举高是指前后挑檐檩中心的水平距离（b）与挑檐檩上皮至脊檩上皮的垂直距离（h）之比。我国古建筑屋面曲线的确定，大体遵从两种制度：

一、宋《营造法式》（以下简称《法式》）卷五"大木做制度二"举屋之法："如殿阁楼台，先量前后撩檐方心相去远近，分为三分。从撩檐方背至脊缚背举起一分。"宋《法式》规定大体量的筒瓦厅堂取三分之一，即 h∶b=1∶3。

二、清《工程做法》之举架之法，一般以檐步五举开始，逐渐增大，至脊步达九举。太岁殿为十三檩建筑，清《工程做法》规定十三檩大木采用的举架从檐步至脊步依次为五举、六举、六五举、七举、七五举、九举。

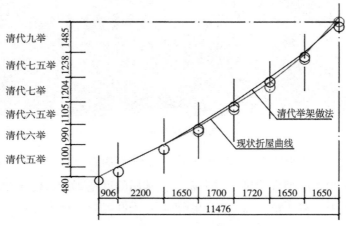

与清《工程做法》举架曲线进行比较

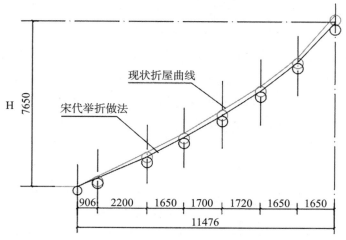

与宋《营造法式》举折曲线进行比较

将太岁殿现状折屋曲线，与宋《营造法式》举折、清《工程做法》举架曲线进行比较，根据上面两图得出以下结论：

（1）太岁殿建筑现存屋架高跨比更接近清代屋架高跨比；

（2）折屋曲线与清《工程做法》相近，但折点不如清代明显；

（3）脊步陡峻，脊步举高明显大于清代所规定的九举，脊步已达十举。

总的来说，太岁殿举高比值较接近清代，折屋曲线更接近清举架做法，只脊步更加陡峻。先农坛内其他主要建筑举高比值也多在1∶2.6—1∶3之间，举高较宋代明显陡峻。

先农坛内主要建筑举高比值表

| 名称 | 比值 |
|---|---|
| 先农坛庆成宫前殿 | 1∶2.92 |
| 先农坛庆成宫正殿 | 1∶2.6 |
| 先农坛神厨院东配殿 | 1∶3 |

### 2. 各步架取值特点

太岁殿在各步架架深取值上与宋、清代都有不同。梁架中，檩中至檩中的水平距离称为"步架"。《法式》卷四《材》规定：厅堂、廊屋最大用材为第三等，且"椽每架平不过六尺"；清《工程做法》中规定"廊步按柱下皮十分之四，其余步架，按廊步八扣"，即檐步步架架深较大，其余各步架架深相等。

太岁殿步架由檐步至脊步依次为：2200毫米、1650毫米、1700毫米、1720毫米、1650毫米、1650毫米，折合成斗口数后有如下两个特征：一、除檐步外，太岁殿金、脊各步架深不完全相等，但金步和脊步的差距很小，已经逐渐趋向清代等步做法；二、檐步架架深超过金步、脊步。这是由于明代在檐下使用溜金斗拱，使昂的后尾直接悬挑金檩，与金檩紧密联系的做法加强了檐、金步间的联系，为檐步加深创造了条件。

步架架深

| 名称 | 檐步（毫米/斗口） | 金步（毫米/斗口） | | | | 脊步（毫米/斗口） |
|---|---|---|---|---|---|---|
| 先农坛太岁殿 | 2200 | 1650 | 1700 | 1720 | 1650 | 1650 |
| | 20 | 15 | 15 | 16 | 15 | 15 |
| 先农坛拜殿 | 1850 | 1500 | 1500 | — | — | 1500 |
| | 17 | 14 | 14 | — | — | 14 |

### 3. 歇山山面构架特点

随着举高的加大和山面收山的减少，明代歇山屋顶的正立面宽度更大，坡度更陡，形成了独具特色的风格。

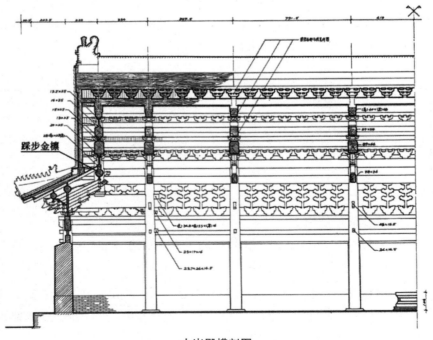

太岁殿横剖图

（1）收山

所谓收山，即山面正心檩中至山花板外皮的距离，歇山的收山值大小决定了建筑的外观特征。清代《工程做法》规定歇山收山尺度为由山面檐檩中线向内收一檩径为山花板外皮位置。

太岁殿收山具有典型明代特征。其收山95厘米，檩径48厘米，向内收两檩径为山花板外皮位置；拜殿、具服殿收山亦为两个檩径，明代收山尺度大于清代所规定。

（2）抹角梁

抹角梁，位于建筑尽间转角处，与山面、檐面各呈45度角。抹角梁在明代歇山建筑中应用普遍，其放置方式也与宋代有所不同，至清代，歇山很少采用抹角梁，较广泛使用顺趴梁做法。

太岁殿抹角梁两端放置在檐面和山面的平身科上，抹角梁端头藏于斗拱之中。抹角梁上放置驼峰及大斗，斗口内承托角梁并继续向后挑出，角梁尾部与搭交金檩扣搭相交，使角梁对搭交金檩形成悬挑式结构，这种做法具有明代特征，拜殿做法与太岁殿相同。

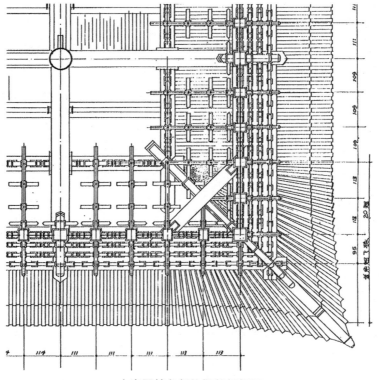

太岁殿转角部位梁架仰视图

（图片来源：北京古代建筑研究所）

**抹角梁端头藏于斗拱之中**

（图片来源：北京古代建筑研究所）

（3）踩步金檩

明代踩步金檩，清代称踩步金。踩步金檩做法在明代极为普遍，至清代则为长方形踩步金的截面所取代。

明代踩步金檩形状与清代不同，为一根直檩，檩的平面位置与清代踩步金位置相同，标高与下金檩相同，并与之扣搭相交。先农坛太岁殿、拜殿、具服殿等歇山建筑中皆用踩步金檩做法。太岁殿踩步金檩上置一块通长的木板，用以遮挡椽尾。紧贴檩上皮为木枋，高 28 厘米厚 25 厘米，山面檐椽直接搭在枋上。

## （三）立面构成

### 1. 檐柱径与檐柱高之比

宋代实例建筑中，檐柱径与柱高之比在 1/7—1/10 左右，大多在 1/8—1/9 左右；清《工程做法》中规定檐柱柱径为 6 斗口，柱高为 10 个柱径，即 60 斗口，檐柱径与柱高比为 1∶10。

太岁殿建筑柱径换算成斗口数后，为 6.4 斗口，柱高 57.4 斗口，檐柱径与柱高比为 1∶9，拜殿檐柱径与柱高为 1∶8.5，太岁殿檐柱径与檐柱高之比更接近宋制，较清代建筑略粗壮一些。

太岁殿柱径尺寸表

| 建筑名称 | 檐柱径（厘米） | 檐柱径合斗口数 | 檐柱高（厘米） | 檐柱高合斗口数 | 斗口取值 |
|---|---|---|---|---|---|
| 太岁殿 | 69 | 6.4斗口 | 620 | 57.4斗口 | 10.8 |
| 拜殿 | 59 | 5.4斗口 | 499 | 46斗口 | 10.8 |

### 2. 檐柱高与明间面阔之比

宋《营造法式》中规定"柱虽长不越间之广"；清《工程做法》中规定明间置六攒平身科斗拱的宫殿式建筑，面阔77斗口，柱高60斗口。即柱高为面阔的77.9%。

太岁殿檐柱高57.4斗口，明间面阔76.9斗口，柱高为面阔的74.6%，拜殿柱高为面阔的60%，具服殿为56.6%，庆成宫正殿为63.3%。

太岁殿看起来比值和清代相近，但实际上是檐柱有意增高的缘故。太岁殿及拜殿斗口值均为10.8厘米，拜殿柱高近5米，而太岁殿柱高却达6.2米，显然，太岁殿的檐柱高度是根据功能需要有意增高的。所以说，先农坛内主要建筑在檐柱高与明间面阔之比例关系上基本遵循宋代"柱虽长，不越间之广"的规定。

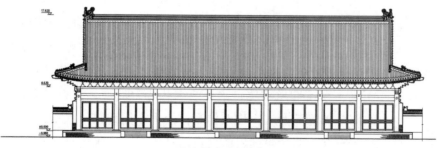

太岁殿南立面图

### 3. 斗拱与檐柱、举高之比

宋、元时期斗拱硕大。明代起，斗拱层高度已经大大减小，占立面总高多在10%—12%，而清代斗拱高度占立面高度的比例较之明代则又减小了许多，占立面总高度的5%—10%。

先农坛内主要建筑斗拱高占立面约7.5%—13%，较宋代斗拱层高度已急剧减小，这与明代斗拱用材骤减有关。太岁殿檐柱高、斗拱高与举高之比为41：10：49，拜殿为47：12：41，庆成宫正殿44：11：44。太岁殿、拜殿等建筑斗拱高度占立面高度的比例呈宋清两时期过渡特征。

#### 4. 生起

总的来说，太岁殿生起做法具有宋、清两代过渡时期的特点。宋《营造法式》中规定："至角则随间数生起角柱，若十三间殿堂，则角柱比平柱生高一尺二寸，十一间生高一尺，九间生高八寸，七间生高六寸，五间生高四寸，三间生高二寸。"至清代，外檐柱生起做法基本消失，改为等高。

太岁殿总生起2.2寸，从明间至尽间生起值依次0.6寸、0.8寸、0.8寸，相比较宋代而言，太岁殿生起大幅度减弱，但仍然保留了这种做法痕迹。

# 四、斗拱

## （一）明代斗拱与宋代比较

明代斗拱较宋代斗拱相比有很多变化，主要表现为：一、斗拱用材骤减，斗拱尺寸变小。太岁殿斗口值为10.8厘米，折合营造尺3.4寸，相当于宋《营造法式》规定的七等材，即小殿及亭榭建筑。斗拱用材较宋代建筑有明显下降。二、斗拱排列繁密，由宋代当心间的一攒至两攒变为四攒、六攒、八攒。三、斗拱向外挑出尺度减小。

造成这些变化的原因有以下三个方面：一、元代以前大木构架分为上部屋架层、中部斗拱层、下部柱框层，大木构架整体性不是很强，斗拱承载和悬挑檐步的作用十分重要。及至明代，柱子向上延伸直接与梁相接，而梁头直接伸出承檩，梁头的承载能力加强，柱头梁栿取代柱头斗拱的部分功能而并入木构架体系，使大木构架整体性增强。二、受木材短缺的影响。明代建国后的营造活动较多，建筑用材获取困难。三、明以前的建筑中，斗拱出挑深远主要是为保护檐下土墙不受雨水侵蚀，而明代砖的大量生产及应用，也是造成斗拱挑出尺度减小的原因。

## （二）清代斗拱与明代比较

### 1. 镏金斗拱

太岁殿平身科为七踩单翘重昂镏金斗拱，挑金做法。其昂的后尾直接悬挑金檩，两层起称，三层挑杆构造。从斗拱形式上看，有独特的做法，保留了明代的特征。

（1）折点位置不同。明代镏金斗拱折点位置常不固定，即杆件的折点位置不同；而清《工程做法》规定一律以斗拱正心缝为折点，即杆件的折点位置相同。

太岁殿、拜殿上部的耍头以挑檐檩为折点，而下部斜杆则以正心枋中线为折点，耍头与下部斜杆折点不同，具有典型的明代特征。

（2）真昂做法。明代镏金斗拱常使用内外均为一个整体斜向构件的真下昂，具有较强的悬挑功能；而清代，昂外拽平置，内拽为斜向的构件，不具备悬挑功能。太岁殿斗拱上部挑杆为真昂，具有明代的特征。

（3）多重挑杆叠置是明代镏金斗拱的又一特征。明代由于用材骤减，斗拱各构件用材随之减小，而檐步架架深并未减小，为了满足斗拱的承载能力，以多重叠合构件的做法解决这一问题，太岁殿为两层起称，三层挑杆构造。

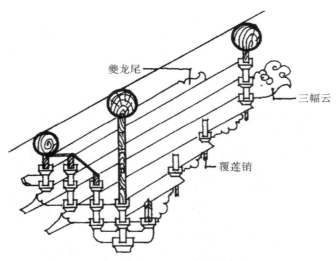

太岁殿镏金斗拱平身科侧样

太岁殿明间镏金斗拱

### 2. 襻间斗拱

宋代建筑在檩之下，常采用襻间枋和襻间斗拱。明代承袭宋代做法，在檩下采用襻间斗拱，作为檩和枋之间的隔架构件。至清代，在檩下金枋之上用一块垫板取代明代之襻间斗拱，其做法洗练简洁，二者有明显区别。太岁殿襻间斗拱为一斗六升重栱，拜殿为一斗三升做法。

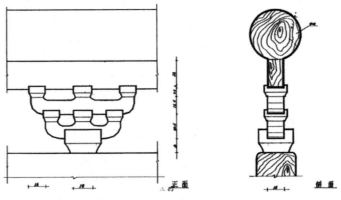

太岁殿襻间斗拱立面、剖面图

太岁殿襻间斗拱

### 3. 十字科

十字科指檩、梁、柱交接点上起承托和传递檩上荷载作用的斗拱，明代建筑梁头下常采用十字科斗拱，即在童柱或驼峰上置大斗、大斗上置十字交叉栱。这种形式至清代更趋简化，逐渐以梁下短柱（瓜柱）代替十字科做法。

太岁殿、拜殿梁下均使用十字科斗拱，具有典型的明代特征。当十字科用于七架梁（或五架梁）与金柱之间时，为与面阔方向的襻间斗拱相呼应，十字科下不设驼峰；在三架与五架梁之间、五架与七架梁之间十字科下施加驼峰。

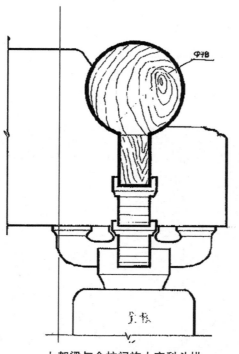

七架梁与金柱间施十字科斗拱

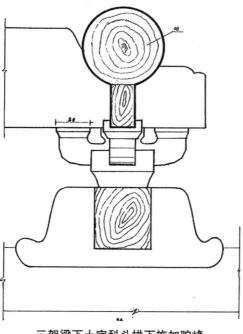

三架梁下十字科斗拱下施加驼峰

## 4. 隔架科

荷叶墩雀替多用于梁与随梁枋空当之中，常施加一攒或两攒，其下部为荷叶墩，中部为大斗，上部为瓜拱，瓜拱上承托雀替。这种做法一直沿用至清代。而清代隔架科斗拱雀替长度较荷叶墩长，表现出横向更为舒展的特点，此为明清做法不同之处。

太岁殿隔架科位于七架梁与随梁枋之间，雀替与荷叶墩长度相差不大，立面高宽比例上更为方正，具有典型的明代特征。

太岁殿荷叶墩雀替

## 5. 雀替与丁头拱

明代建筑一般会在梁枋与柱的节点处施加雀替或丁头拱，以增加节点处榫卯的拉结作用，二者有时同时使用，有时单独用于梁下；而清代在梁柱节点处的做法趋向简单，通常将梁做榫直接插入柱中，节点处较少采用雀替或丁头拱等拉结构件。

太岁殿与拜殿的梁柱节点处多施加雀替或丁头拱，具有典型的明代特征，如单、双步梁与金柱节点处施加丁头拱，桃尖梁与金柱节点处施加丁头拱托雀替。

图 19

# 五、大木构件分述

## （一）梁类构件

宋《法式》中规定："凡梁之大小，各随其广分为三分，以二分为厚。"即梁高宽比为 3：2 的比例关系；清《工程做法》则规定多在 6：5 的比例关系。明代梁栿截面呈现由宋代至清代过渡时期的特征。

**太岁殿梁截面尺寸表（单位：斗口）**

| 建筑名称 | 三架梁（高 × 厚） | 五架梁 | 七架梁 | 单步梁 | 双步梁 | 三步梁 | 高厚比平均值 |
|---|---|---|---|---|---|---|---|
| 太岁殿 | 5.45 × 4.36 | 6.3 × 5.1 | 8.1 × 6 | 5.2 × 3.6 | 5.3 × 4.5 | 8.6 × 5.5 | 2.6：2 |

从梁身形态特点来看，太岁殿主要梁构件截面四角微抹，梁背中部为平面，两侧为圆滑的曲面，局部梁头存在弧形线角。这与先农坛内其他建筑上（拜殿、神牌库）梁构件特点形制相似。至清代，梁身这种弧面效果逐渐减弱，被四棱见线的裹棱做法所取代。

梁头弧形线角

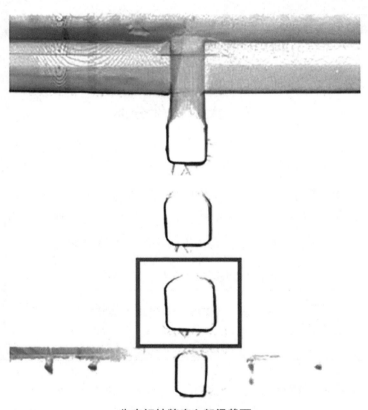

先农坛神牌库七架梁截面

　　从截面比例来看，太岁殿三架梁高宽比 10∶8、五架梁高宽比 10∶8.1、七架梁高宽比 10∶7.4；拜殿五架梁高宽比 10∶8.2。梁架断面比例不像宋制窄长，呈现着宋、清两代过渡时期的特征。

梁截面比例比较

| 宋 | 明 | 清 |

从梁断面高度来看，明代梁栿断面高度折合成斗口数后，明代就远大于宋《营造法式》规定数值。这也是由于明代斗拱取值骤减所致。

太岁殿梁高较大于宋《营造法式》中规定数值，比清《工程做法》规定的梁高 8.4 斗口略小。以七架梁为例，宋《法式》梁栿高之材分数为六至八椽栿，栿高 60 分，七等材合 21 寸。而太岁殿七架梁高 89 厘米，合 28 寸，8.2 斗口。相应的，五架梁和三架梁也呈同样趋势。

## （二）枋类构件

### 1. 额枋

清《工程做法》中规定：大额枋以斗口六份定高，以本身高收两寸定厚，约等于 6∶5，其高厚比接近正方形。这个比例与梁的断面比例十分接近，说明清代梁、枋的断面接近方形。

明代建筑则不然，太岁殿额枋高 750 毫米、厚 435 毫米；拜殿额枋高 780 毫米，厚 420 毫米，高厚比接近 10∶5，与清代 6∶5 的比例不符，额枋显得窄长。

### 2. 平板枋

平板枋置于额枋之上，承接斗拱。宋代称普拍枋，其宽度大于阑额，与阑额呈 T 字形；清代平板枋宽度明显小于额枋之厚，仅三斗口。

明代平板枋介于二者之间，宽度与额枋之厚相近，太岁殿平板枋高 250 毫米、厚 370 毫米（额枋厚 435 毫米）；拜殿平板枋高 260 毫米、厚 400 毫米（额枋厚 420 毫米），平板枋厚度与额枋厚度接近。

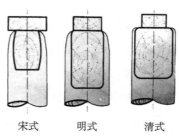

| 宋式 | 明式 | 清式 |

**宋、明、清平板枋比较**（图片来源:《木作》）

（三）柱类构件

**1. 檐柱**

（1）柱径

太岁殿檐柱柱径换算成斗口数后，其柱径取值大于宋材份制规定，更趋近清代的斗口制特征。檐柱柱根直径除个别不同外，多为690毫米，檐柱柱顶直径在620毫米—640毫米不等。金柱柱根直径除个别不同外，基本在760毫米，柱顶直径则变化较大，金柱柱顶直径在630毫米—650毫米不等，最大的一根直径为670毫米。

宋《营造法式》中规定"凡用柱之制，若厅堂柱，即径两材一契"，即36分，换算成斗口数后即3.6斗口（斗口取10分）；清《工程做法》中规定檐柱高按斗口60份，径按斗口数6份（即6斗口）。太岁殿斗口10.8厘米，即6.4斗口，换算成斗口数后，其柱径取值更趋近清代制特征。

太岁殿柱径尺寸表

| 建筑名称 | 檐柱径（厘米） | 檐柱径合斗口数 |
|---|---|---|
| 太岁殿 | 69 | 6.4斗口 |
| 拜殿 | 59 | 5.4斗口 |

（2）收分

宋代建筑之柱，采用梭柱。《营造法式大木作制度二》中明确阐释了梭柱之法：是在收分的基础上，将柱分为三段，上段收杀成梭形；而清代建筑的柱类构件通常都有收分，一般按檐柱高的1%，但并不做卷杀。

明代建筑之柱，多采用梭柱形式。翻阅先农坛早期修缮资料，发现先农坛诸殿亦为此做法。经过计算，得出太岁殿柱子均有收分，檐柱收分率约在0.9%—1.2%之间。

**2. 瓜柱**

明代瓜柱除有卷杀外，柱径尺寸也远远大于清代，因此当瓜柱置于梁上时，两侧宽于梁身厚度，于是采用不同的办法放置瓜柱。一是采用骑栿做法，在太岁殿、拜殿、具服殿均有采用，是明代厅堂构架中常见的做法，如太岁殿明间下金檩下瓜柱柱根两侧呈鹰嘴式样。二是大斗承瓜柱，如太岁殿梢间踩步金檩下瓜柱柱脚以大斗垫托，置于桃尖梁背。

瓜柱骑栿做法

# 六、小结

总的来说，太岁殿平面柱网规整严谨、纵横有序。大木构架规整、前后对称，基本承袭宋《营造法式》中厅堂的基本结构形式。七架梁前后出三步梁，四柱，构架前后对称。檐柱高与明间面阔比值基本遵从宋《营造法式》中规定"柱虽长，不越间之广"的原则，檐柱径与檐柱高之比更接近宋制，较清代建筑略粗壮一些。大木构件加工也力求细致、美观，如梁身的形态、瓜柱骑栿、柱子做法等。

斗拱取材比宋制明显降低，斗拱做法，包括梁枋节点处做法、檩下斗拱承托节点的做法、丁头拱做法；歇山山面构造做法，如抹角梁做法、踩步金檩做法等具有典型明代特征。

屋面坡度确定上，更趋向于举架法，脊步陡峻，明显大于清代所规定的九举。明间面阔的确定与宋、清制均不相同，还未形成用固定的攒当尺寸为单位来确定面阔的方式，但逐渐向清代规定的以斗拱间距11斗口的倍数靠拢。金步和脊步的差距很小，已经逐渐趋向清代等步做法。大木构件取值（如柱径、梁高取值折合成斗口数后）远大于宋《营造法式》规定数值，更趋向于清制做法，但大木构件高厚比，如梁、枋的断面比例具有宋、清两代过渡时期的特征。

总的来说，太岁殿是在承继宋代建筑风格、构造做法的基础上又继续向前发展，出现了许多有异于宋代建筑的特点，形成了自己的风格。

结语：先农坛作为中轴线核心遗产点之一，做好文物建筑保护科研工作，既是开展各项保护修缮工作的基础，也是恢复北京中轴线历史风貌的必要条件。随着工作的深入，越发感到将先农坛内文物建筑的时代特征加以梳理和研究，对于保护文物建筑的真实性是大有裨益的。

因此，我们应该通过不懈努力，逐步恢复先农坛的规模建制，使先农坛独具特色的文物建筑较好地保护与传承下来！

**参考文献**

[1] 董绍鹏.北京先农坛的太岁殿与明清太岁崇拜[J].北京民俗论丛，2019（1）：85-94.

[2] 潘谷西，何建中.《营造法式》解读[M].东南大学出版社，2005.

[3] 牛筱甜.北京故宫养心殿养性殿大木作比较研究[D].北京：北京建筑大学，2020.

[4] 马炳坚.中国古建筑木作营造技术[M].北京：科学出版社，2003.

[5] 汤羽扬，杜博怡，丁延辉.三维激光扫描数据在文物建筑保护中应用的探讨[J].北京：北京建筑工程学院学报，2011，27（4）.

孟楠（文保部高级工程师）

# 浅谈新技术在古建筑保护中的应用

## ——以银山塔林虚静禅师塔测绘为例

## 一、中国古建筑保护的发展历程

我国古建筑历史悠久种类繁多，随着历史的发展，许多古建筑消失在了朝代的更迭与变迁中。我国对于古建筑的保护也是一波三折，也在不断地探索中。自 20 世纪 90 年代开始，对于古建筑的保护在我国逐渐受到重视。经过数十年的改革开放，我国逐渐与世界接轨，综合国力和经济实力也得到了快速发展，对于古建筑的保护也颁布了一系列的文件、政令。国际上一些建筑保护的新技术也开始被引进，一些新的技术在古建筑的保护中也逐渐得到广泛的应用。

## 二、古建筑保护中的新技术

### （一）计算机辅助设计（CAD）技术

利用计算机及其图形设备帮助设计人员进行设计工作。这种技术简称为 CAD。在日常生活中工程类和产品设计的应用比较广泛，计算机可以帮助设计者进行计算、信息存储和制图等工作。设计者需要先进行草图的绘制，后将草图变为工作图的工作可以交给计算机完成；利用计算机进行图形的编辑、放大、缩小、平移和旋转等有关的图形数据加工工作。CAD 技术也逐渐应用到了古建筑的测绘保护中，后以银山塔林虚静禅师寺塔测绘为实例，展示 CAD 技术在古建筑保护中的应用。

## （二）信息化建模（BIM）技术

随着时代的发展，信息化建模技术也在不断完善与成熟。传统视图模式为二维平面图，BIM技术则为三维可视化的图，对于绘图者而言，传统CAD是使用点、线、面、弧等进行绘制，而BIM技术则是以对象方式进行绘制；BIM技术利用GIS（地理信息系统）的思想巧妙地结合了空间和非空间的所有信息，将古建筑以三维的形式呈现出来，从而使得信息建模工作人员能够观察到古建筑的具体构造和详细情况；而局部构建信息可以完善BIM技术的模型储存，为构建的组装、信息模型在古建筑的保护和数字化修复工程奠定基础，通过信息化建模技术可以测绘出古建筑的具体构造和主要组成结构，再通过对测绘出的古建筑信息进行全方位分析，就可以运用数字化技术参数化地描述古建筑。BIM技术不仅可以应用在古建筑的保护上，在对古建筑进行修缮中也可以使用，其中北京戒台寺千佛阁的复建工程，就运用了BIM技术。

## （三）数字化技术

### 1.三维激光扫描技术的应用

对于古建筑的数据测绘工作，传统的测绘方式是通过钢尺和水准仪测绘数据，这种测绘数据主要参照的是二维测绘思想，主要是从古建筑的平面、立面或剖面，去测绘古建筑的长度、宽度和高度。这样的测绘工作需要花费大量的人力、物力和财力，而且测绘数据的时间较长、有时数据还会存在较大误差，不能保证古建筑测绘中的精准度。

随着信息技术的不断发展，古建筑测绘技术也在实际应用中不断完善，慢慢地GPS、全站仪、测量机器人和远近景摄影测量等技术逐渐广泛运用到了古建筑的测绘保护当中。地面三维激光扫描技术更是在测绘工作上大大提高了效率和精准度。

地面三维激光扫描技术与传统测量技术的区别在于，它主要凭借光学原理，可以对复杂的构造进行扫描，可以精准地定位古建筑的三维坐标云数据。通过传输这些三维数据，经过电脑的处理，就能够构建出建筑物表面的三维模型，并且这些数据能够为古建筑保护研究工作提供完整、精确、永久的数字资源，通过数据的记录还能够为古建筑的保护

和修复提供可靠依据，更重要的是，还能够在已有数据的基础上还原已经不存在的古建筑。

### 2. 全站仪技术的应用

全站仪的全名是全站型电子速测仪，是我国当前技术工作中最为常见也是应用最广的仪器之一。全站仪是一种集光、机、电于一体的高技术测量仪器，能够无死角地测绘古建筑的全体构造，借助全站仪进行测绘可以使工作者更加方便，在降低成本的同时也保障了古建筑的安全。并且相比于早期的只进行人工测绘，在一些不容易测量和危险的古建筑测绘中，使用全站仪测量将更加方便安全，对古建筑本身和工作人员自身也更加安全。在数据测量方面也更加精准，便于保存，且测绘效率高。

笔者在银山塔林虚静禅师塔的测绘中，有幸学习和使用过全站仪，在测量塔身上部和塔刹部分时，人工测量十分不方便，但使用全站仪进行打点测量解决了这一难题，极大提高了工作效率，也保障了文物本身和测量人员的安全。

### （四）数字化保存

数据测绘完成后，数据的保存工作也是重中之重。前文提到了应用数字化技术对古建筑进行数据测绘，不仅最大限度地降低了测绘成本，同时还最大限度地提高了测绘精度，最为关键的是，对古建筑本身也起到了保护作用。在数据测绘完成后，可采用数字化保存与存档技术对数据进行保存。对于数字化保存最为主要的是建立数据库，数据库的建立能够使古建筑在有利于古建筑保护的基础上增加数据的利用价值，并且为政府部门的管理工作提供数据支持，还能满足行业研究机构和博物馆数据的需求，真正实现在技术层面上对古建筑的数字化监管，从而最大限度地发挥古建筑数据库的作用。

# 三、新技术在古建筑保护中的应用实例

银山塔林位于昌平区城北 30 公里处，是国务院公布的重点文物保护单位，也是十三陵特区办事处主要的国家级风景名胜区。原名"铁壁银山"，因悬崖陡峭如同高大的墙壁一样，色黑如铁，而大雪之后，漫山皆白，山色如银而得名。

据《帝京景物略》记载，这一地区早在唐朝时期就有了寺庙。辽代建立了宝岩禅寺。在金代，除了佛觉大禅师外，还有晦堂大禅师、懿行大禅师、虚静禅师、圆通禅师。明清两朝对此地的塔、寺、庵等又进行过多次修缮。这里的古迹受到较大破坏是清朝以后的事。抗日战争中，法华禅寺及所属庵庙陆续被拆毁。山麓间的不少古塔，则因长期以来自然和人为的破坏而消失。

北京联合大学历史文博系古建小组于 2017 年 7 月对银山塔林进行了现场测绘，在测绘中，笔者进行了绘制测稿、手工测量、拍照、全站仪打点等工作。现场测绘结束后，笔者与小组其他成员利用现场测绘工作的成果绘制了 CAD 图。笔者测绘的为虚静禅师塔，报告如下：

虚静禅师塔建于辽金，位于法华禅寺大雄宝殿遗址的左前侧，平面为六边形，七层檐，现存塔刹仰莲以下部位，总高 14.8 米。首先，其须弥座为砖雕，雕饰较为简单。束腰部分没有壶门雕饰，仅雕刻莲花。其次，第一层塔身，仅南北两面刻有假券门，其余四面均雕刻假窗。其中，南面假券洞内嵌有白石铭，刻"故虚静禅师实公灵塔""大安元年元月二十二日功毕"等字。两券券面砖雕刻花卉图案。四面假窗格心雕刻斜方格及"卐"字锦图案。塔身上面的斗拱，虽然仍然采用双抄式，但是有平面呈 45° 角的斜拱。再次，第二层及其以上各层塔身均用素面砖垒砌而成，略高于前述三塔。塔身之上各层塔檐下又各施以砖雕单抄斗拱，其柱头辅作与补间斗拱均作鸳鸯交首式。每层塔檐下，均设有砖雕仿木斗拱加以承托。在每层塔檐的角上，均立有一尊双手合十的神像。在神像背后，则塑有一只张着大嘴的脊兽。最后，这座塔的塔刹内，还设有"刹穴"。

该塔塔基部分须弥座上面雕刻的花卉图案均因年久，绝大部分已毁坏。塔身部分保存较为完好，塔刹部分仰莲以上破损，保存不完整。

此次测绘使用了激光测距仪、全站仪、无人机、三维扫描仪等仪器。最后进行了数据的整理、建模和 CAD 软件的使用。接下来笔者将人工测量数据、全站仪数据、CAD 绘图成果附在下表。

**虚静禅师塔数据表**

| 名称 | | | | | | | | | | | | |
|---|---|---|---|---|---|---|---|---|---|---|---|---|
| 须弥座高 | 壶门柱子高 | 壶门高 | 壶门宽 | 重合勾栏高 | 重合勾栏宽 | 须弥座斗拱高 | 栌斗高 | 栌斗宽 | 华拱高 | 华拱宽 | 齐心斗高 |
| **尺寸（毫米）** | | | | | | | | | | | | |
| 1946 | 260 | 无 | 无 | 565 | 2167 | 433 | 80 | 316 | 68 | 114 | 96 |
| **名称** | | | | | | | | | | | | |
| 齐心斗宽 | 仰莲高 | 莲瓣宽 | 门高 | 门宽 | 窗高 | 窗宽 | 檐下斗拱高 | 栌斗高 | 栌斗宽 | 华拱高 | 华拱宽 |
| **尺寸（毫米）** | | | | | | | | | | | | |
| 200 | 570 | 371 | 1592 | 95 | 693 | 625 | 380 | 70 | 275 | 60 | 100 |
| **名称** | | | | | | | | | | | | |
| 椽径 | 齐心斗宽 | 椽径 | 栌斗高 | 一层高 | 二层高 | 栌斗高 | 栌斗宽 | 华拱高 | 华拱宽 | 齐心斗高 | 齐心斗宽 |
| **尺寸（毫米）** | | | | | | | | | | | | |
| 55 | 176 | 65 | 95 | 1490 | 1073 | 90 | 286 | 85 | 95 | 75 | 170 |
| **名称** | | | | | | | | | | | | |
| 华拱宽 | 三层高 | 栌斗高 | 栌斗宽 | 华拱高 | 华拱宽 | 齐心斗高 | 齐心斗宽 | 椽径 | 四层高 | 栌斗高 | 栌斗宽 |
| **尺寸（毫米）** | | | | | | | | | | | | |
| 80 | 1082 | 86 | 167 | 81 | 91 | 72 | 162 | 55 | 1087 | 84 | 267 |
| **名称** | | | | | | | | | | | | |
| 椽径 | 椽径 | 栌斗高 | 栌斗宽 | 椽径 | 五层高 | 齐心斗高 | 栌斗宽 | 华拱高 | 华拱宽 | 栌斗高 | 华拱高 |
| **尺寸（毫米）** | | | | | | | | | | | | |
| 62 | 88 | 70 | 160 | 61 | 1052 | 76 | 265 | 78 | 87 | 76 | 157 |
| **名称** | | | | | | | | | | | | |
| 齐心斗宽 | 六层高 | 齐心斗高 | 栌斗高 | 华拱高 | 华拱宽 | 齐心斗高 | 齐心斗宽 | 椽径 | 栌斗高 | 栌斗宽 | 华拱高 |
| **尺寸（毫米）** | | | | | | | | | | | | |
| 136 | 1055 | 77 | 245 | 72 | 81 | 64 | 145 | 55 | 82 | 230 | 88 |
| **名称** | | | | | | | | | | | | |
| 华拱宽 | 齐心斗高 | 齐心斗宽 | 顶高 | 椽径 | 脊兽高 | 仙人高 | 垂兽高 | 塔刹高 | | | |
| **尺寸（毫米）** | | | | | | | | | | | | |
| 76 | 80 | 136 | 1746 | 38 | 290 | 235 | 274 | 978 | | | |

以下是虚静禅师塔 CAD 绘图展示：

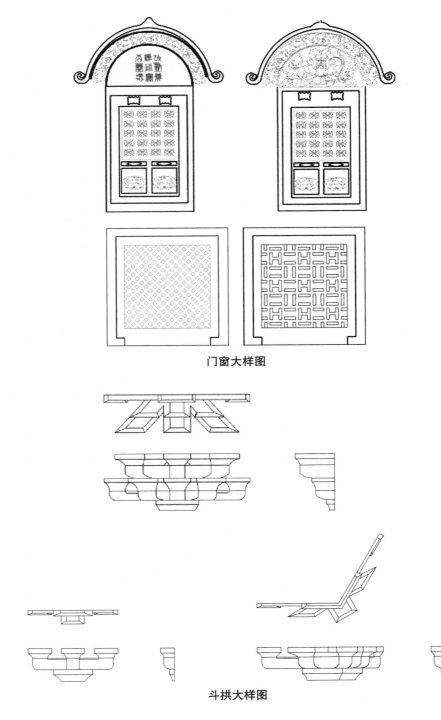

门窗大样图

斗拱大样图

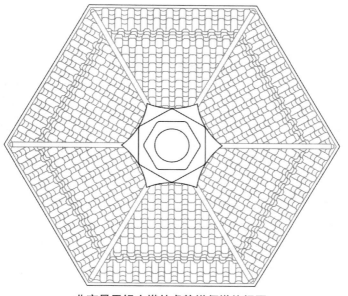

北京昌平银山塔林虚静禅师塔俯视图

北京昌平银山塔林虚静禅师塔立面图

北京昌平银山塔林虚静禅师塔展开图

## 四、对未来古建筑保护中新技术的应用与展望

随着时代的不断发展，各种新的技术正不断出现在我们身边，这些技术也被广泛使用到了我们的古建筑保护中，如前文所介绍的一些新的技术。这些新技术解决了一些之前古建筑测绘与保护中的问题，也弥补了之前一些古建筑测绘与保护中的不足。这些新的技术使我们看到了它们在古建筑测绘与保护中的作用与优点。像数字化技术和 BIM 技术测绘的古建筑数据对于古建筑以后的保护，以及古建筑今后的维护和修复都有着不小的价值。

如前文所提到的数据库，更是为相关工作者提供了有效资料的保障，技术库中的数据不仅精准、真实可靠，而且能全面、有效地表达古建筑的溯源。以上都是新技术在古建筑中应用的价值和意义，随着科技的不断发展、时代的不断变迁，各种新的技术也在不断地更新和完善，将来也会有更多新的技术应用到古建筑测绘与保护当中。一些新技术的出现与应用对于古建筑的保护也具有预见性的价值和意义。对于古建筑的保护，我们也不能只局限于现在我们所熟悉与知道的，同时也要不断创新，开拓新的研究领域，为古建筑的保护提供更多更有力量的新的技术支持，进一步为古建筑的数据测绘提供更加安全、可靠的助力。在未来的古建筑保护中，我们也要学习和掌握更多的新技术，为古建筑的保护贡献出自己的一份力量！

# 五、结语

科技的飞速发展，新技术的不断出现，对于古建筑的测绘与保护工作提供了一份新的助力。本馆也在面临着中轴线申遗这项重要的工作，在未来对先农坛现有古建筑的保护上也可以结合新的技术，使先农坛中留存下来的文物得到更好的传承与保存。面对新技术在古建筑保护中的应用，作为从事文博工作的我们也应该加强自身的学习，不断学习新的知识，并且在实践中发现问题、解决问题。

**参考文献**

［1］盛芳. 新技术、新材料在古建筑保护中的运用［J］. 文物鉴定与鉴赏，2019（17）：88–89.

［2］李鹏昊. 无人机遥感技术下历史建筑信息模型构建——以宁夏银川市拜寺口双塔为例［J］. 建筑与文化，2019（11）：68–70.

［3］王亚非，张宴宾，吴强. BIM技术在古建筑保护中的应用［J］. 工程技术，2020（1）：172.

李佳姗（社教与信息部助理馆员）

# 先农坛神仓院保护修缮工程现状调查与保护修缮研究

北京古代建筑博物馆文丛

第八辑

2021年

194

北京先农坛是我国现存唯——座明清皇家祭祀先农的遗迹，被称之为"神州先农第一坛"。随着中轴线申遗的不断推进，先农坛作为中轴线申遗中南起永定门后的第一个遗产点，坛内各建筑群也在依次进行整治、腾退和修缮工作。神仓院是先农坛的重要组成部分，目前，神仓院建筑群正在进行腾退工作，由于常年作为各单位的办公空间使用，院内后建非文物建筑较多，文物建筑的本体也出现了一定程度的残损，此次借文物建筑腾退和中轴线申遗的契机，对其进行了全面的现状勘察和修缮研究。本文通过梳理史料、文献了解神仓建筑群历史变迁和建筑群基本概况，研究过往修缮工程借鉴修缮经验，对整体建筑群进行详细的实地勘察，以拟定修缮思路，这对先农坛神仓院保护修缮工程的推进是十分必要的。

## 一、先农坛神仓院历史变迁与基本概况

### （一）历史文献中的神仓院变迁

洪武二年（1369年），始建先农坛于山川坛西南。……永乐定都，建坛如南京。……

今牙旗六纛，藏之内府，其庙在山川坛。

（《明会典》卷九十二）

旗纛庙在太岁殿之东，明永乐中建，规制如南京。神曰旗头大将，曰六纛大神，曰五方旗神，曰主宰战船之神，曰金鼓角铳炮之神，曰弓弩飞枪飞石之神，曰阵前阵后神祇五猖等众，皆南向。旗纛藏内府，仲春遣旗手官祭于朝，霜降

祭于教场，岁暮祭于承天门。今庙废。

（《宸垣识略》卷十）

北京先农坛始建于明永乐十八年（1420年），为明成祖朱棣依洪武二年（1369年）建造的南京先农坛旧制而建，是明清两代帝王"亲耕享先农"之所，与天坛通过中轴线东西对称，历经明嘉靖年间的改制以及清乾隆时期大规模的改建和修缮，形成了现有的空间格局。今日的神仓在历史上是明代旗纛庙的所在地，建有旗纛殿和焚帛炉。旗纛殿沿袭自明代南京山川坛，用以祭祀军中军旗、枪炮、弓弩、滚木礌石和战死的士兵游魂，有时军队出征前也要祭祀，是一座军事用途的神庙。

嘉靖十年（1531年）七月乙亥，以恭建神祇二坛并神仓工成……

（《明实录·世宗实录》卷一二八）

先农坛在山川坛内西南隅，永乐中建。……嘉靖中，建圆廪、方仓以贮粢盛。

（《天府广记》卷八）

先农坛神仓建于明嘉靖十年（1531年），往西比邻旗纛庙，东侧紧邻斋宫，此时的神仓与现神仓院前院格局一致，自南向北包含山门、东西碾房、收谷亭、东西仓房和圆廪神仓。

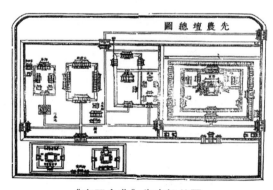

《雍正会典》先农坛总图

臣等谨按旗纛庙旧制即今神仓，乾隆十八年（1753年）奉谕旨：先农坛旧有旗纛殿，可撤去，将神仓移建于此。

（《清会典·钦定大清会典事例二》）

东北为神仓，中圆廪一座，南向，一出陛，五阶；台前
为收谷亭一座，制方，南向，前、后二出陛，各三级；左、
右仓各三间，皆一出陛，三级，覆黑瓦绿缘；左、右辗磨房
各三间。垣一重，门三间南向。后为祭器库五间，左、右庑
各三间，垣一重。

神仓门东，门一间，南向。门内北垣角门一。祭器库东、
西角门各一。

（《清会典图》卷一二）

清乾隆十八年（1753年），乾隆帝以旗纛之神已在各军校场有祭祀
为由，遂下令将先农坛旗纛庙前院拆除，并将东侧一墙之隔的神仓易地
迁建于此，将原旗纛庙后院的三座建筑划归神仓改称祭器库，用于存放
天子亲耕耤田的农具。此后，神仓院即为原神仓院和旗纛庙后院祭器库
组成的新建筑群，并一直延续至今。

神仓建筑群位于先农坛北门东侧，与北门西侧太岁殿相对应，前
院为神仓主体建筑群，围绕收谷、碾磨、贮藏等功用而设置了收谷亭、
圆廪神仓、东西碾房和仓房，南开砖拱券无梁山门，后院为祭器库五
间，东西配房各三间，前后两进院落由月亮门相通。

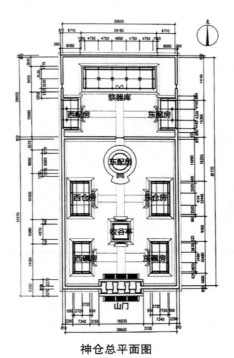

神仓总平面图

既获，则告成，乃纳帝耤之实于神仓，供粢盛焉。玉粒告成，由顺天府以稻、黍、谷、麦、豆之数具题，交钦天监择吉藏于神仓。

（《清会典》卷七四）

嘉靖十年议准：每岁耤田所出者，藏之神仓，以供圜丘、祗谷、先农、神祇坛、各陵寝、历代帝王及百神之祀。西苑所出者，藏之恒裕仓，以供方泽、朝日、夕月、宗庙、社稷、先蚕、先师孔子之祀。

（《明会典》卷二一五）

神仓的用途是用来存贮耤田收获的稻谷，经脱粒、碾磨加工后，以备京城各处皇家坛庙制作祭品之用。北京先农坛神仓是现存最大、保存最完好的神仓，被誉为"天下第一仓"。同时嘉靖帝在西苑西岸营建恒裕仓，嘉靖帝在位时，神仓所出粢盛仅占全部粢盛的一半。明隆庆元年（1567年），"罢西苑耕种，诸祀仍取给于耤田"，自此京城各祭祀用粮全部取于先农坛神仓，再无第二处神仓。京城中还有多处用于储存皇粮、俸米的皇家官仓，如南新仓，但储存皇家祭祀之用的官仓，仅神仓一处。

## （二）神仓院建筑群基本概况

神仓建筑群，是帝王祭祀性建筑先农坛中承担辅助功用的建筑群，主要作仓储功能，因此颇具建筑特色。神仓院占地面积为3436平方米，东西宽41.2米，南北长83.4米，坐北朝南，原有建筑格局基本保留完整，整组建筑分前后两进院落，中轴线自南向北前院为山门，收谷亭，圆廪神仓，东、西分列碾房、仓房，圆廪神仓北设墙一道，墙中置一门，第二进后院主体为祭器库五间，东、西各配房三间。

院落山门为砖拱券无梁形制，建筑面积72平方米，面阔三间13.48米，进深5.34米，单檐歇山顶，黑琉璃瓦绿剪边，檐下绿琉璃砖叠涩挑檐，无斗拱，拱券门三间，装板门，九路门钉；收谷亭平面为方形，建筑面积46.9平方米，每边长为6.85米，南北各设三级台阶，四角攒尖顶，黑琉璃瓦绿剪边，无斗拱，不设门窗，四面开敞，便于收晾谷物；圆廪神仓为前院主要建筑，建筑面积58平方米，直径8.6米，正南设五级台阶，建于高台之上，平面圆形，屋面为圆攒尖顶，黑琉璃瓦绿剪边，圆形平面上制檐柱八根，周围置木板墙，南开四扇隔扇门，室内地面在与台基地面等高的砖地面上置厚高 16 厘米、宽 13 厘米的木地梁，上铺木地板，以贮粮防潮；东西碾房建筑面积各 76.9 平方米，面阔三间 10.48 米，进深一间 7.34 米（四椽五檩），前檐明间置三级台阶，硬山顶上铺削割瓦，次间开隔扇窗，现东西碾房南北两侧及大门处均有后建临时建筑；东西仓房建筑面积各为 96.5 平方米，面阔三间 12.44 米，进深一间 7.76 米（四椽五檩），悬山顶屋面，上铺黑琉璃瓦绿剪边。明间屋顶屋脊中央设天窗，也为悬山顶黑琉璃瓦绿剪边。天窗高约 2.6 米，长 1.76 米，宽 0.78 米。仓房的用途是专门用来收贮耤田收获的谷物，天窗加强通风换气，利于粮食存储和防潮。后院祭器库和东西配房为原明旗纛庙后院旧址，祭器库建筑面积 245 平方米，正殿五间 26.17 米，进深两间 9.36 米（四椽五檩），明间礓磋踏步，悬山顶削割瓦屋面，无斗拱，建筑造型开阔而矮小，檐柱高 3.16 米，间阔 4.8 米左右，明间开隔扇门，其余为隔扇窗，东西配房建筑面积各为 119.8 平方米，面阔三间 14.36 米，进深两间 8.34 米（四椽五檩），前檐明间设一级如意踏步，悬山顶上铺削割瓦，也仅明间开隔扇门。

**神仓各文物建筑现状图**

神仓为防虫、驱虫以收贮耤田谷物，建筑中除收谷亭为雅伍墨旋子彩画外，彩画形式均采用了一种独特的绘制手法——雄黄玉彩画。雄黄玉是将药物雄黄（又称石黄、黄金石、鸡冠石，是一种含硫和砷的矿石）加兑到樟丹颜料中的一种特殊彩画颜料，因为樟丹颜料本身具有防潮、防腐性能，加兑雄黄可起到防蛀作用，彩画既保护木构建筑、起到装饰作用，又有防蛀驱虫的效果。现存的明清建筑中已不多见此种彩画，具有很高的文物价值，现今神仓院文物建筑在勘察和修缮研究的同时也在同步进行油饰彩画的勘察工作。

神仓院经历了近500年的历史变迁，经历了新建、移建和多次修缮，其中的文物建筑在清乾隆时形成了基本格局并一直延续至今。中华民国时期和新中国成立以后，该建筑群在功能上经历了多次调整，院内也加建了许多非文物建筑，严重影响文物建筑的风貌和安全。中华民国期间，神仓辟为北平坛庙管理处（又称"管理坛庙事务所"）；1949年新中国成立后，神仓院先是作为北京市园林局天坛公园管理处幼儿园使用，后为北京市塑料模具厂使用；1993年4月，北京塑料模具厂腾退，神仓正式划归北京市文物局，随后进行大修，修缮后的神仓院为北京古代建筑博物馆所有，前院为北京市文物保护设计所办公室租借使用。目前，北京市文物保护设计所正在进行腾退工作，后续腾退和修缮后，神仓院也将作为博物馆的一部分对外开放展览。

## 二、历史修缮研究

1993年4月，北京古代建筑博物馆与占用神仓院的北京市塑料模具厂达成腾退协议，同年11月，古建馆营造设计部对神仓建筑群进行全面的勘察设计，于1994年至1997年开展了神仓院建筑群的修缮，此次神仓院修缮工程为大规模的全面修缮，能为本次的现状勘察和修缮研究提供一定历史资料和研究指导。

此次修缮的前期勘探主要发现以下问题：整组建筑群由于年久失修，屋面杂草丛生，多处屋面存在雨水渗漏，导致木构件糟朽，直接影响文物建筑的安全。另外，由于占用单位的不合理使用，神仓院落未能得到相应的保护措施，后期增建的临建和改建较多：所有建筑后檐与院墙间隙都加盖了房屋，导致院墙瓦面损坏、建筑后檐滴水损毁；建筑门窗全部改变原状，多为新配玻璃门窗；西侧仓房山墙凿洞开设门窗，对文物建筑本体造成了破坏。

此次全面修缮的主要内容有：（1）对院内所有文物建筑揭瓦，更换糟朽木基层后，按传统做法重新铺设屋面，保护原有琉璃瓦件，更换酥碱严重的部分；（2）所有文物建筑槛墙用十字干摆砖重新砌筑，现存门窗槛框为文物建筑原有构件的，在无糟朽的情况下继续使用，其余按图纸重新制作；（3）屋面及槛墙拆除后，检查所有柱根及梁架的大木结点，对有糟朽和开裂现象的依图进行墩接或用高分子材料灌浆加固；（4）山门及院墙墙面损坏严重的部分用剔补方法修缮，院墙瓦顶使用原材料原作法重新揭瓦，所有建筑山墙及后檐墙酥碱严重者，采用剔补法维修，墙下碱干摆，上部墙面抹灰，后用红浆喷涂；（5）油饰彩画的修缮：室内梁枋原有彩画脱落者不再重做，外檐彩画，柱子、博风、榻板使用一麻五灰地仗，槛框、走马板做一麻四灰，装修边抹裙板、涤环等为三道单披灰，椽飞为四道单披灰，装修棂芯走细灰。博风板下架用铁锈红，上架除收谷亭为雅五墨旋子彩画外，其余全为雄黄玉旋子彩画，椽红身绿肚，连檐饰银珠红。凡彩画，应用文物复制方法，对于有彩画残留的建筑，用草图纸附在该处临摹，并标明各部设色，作为起谱依据，外檐彩画完全破坏的建筑，按此建筑内檐彩画形式，并参照院内其他等级相同建筑的画形式与细部处理手法绘制小样，经设计和有关部门审定后实施，严禁按一般清式彩画套路绘制；（6）院内新建房屋做如下处理：文物建筑后檐与围墙间建筑全部拆除，院内依附于山门的建筑全部拆除，距山门东西两侧2米左右建低于院墙用于安全保卫的建筑，东、西两侧仓房间新建拆除后距两前檐台明2米处建不妨碍古建山墙及屋顶的房屋，在前院圆廪神仓两侧增建北房各三间，房前做绿化，拆除现西仓房北端大型房屋及圆廪神仓东部增设的围墙，祭器库院内西北、东北角做卫生洗浴用建筑；（7）所有建筑散水，照图重新铺设。

此次修缮对建筑屋面、墙体、大木、彩画以及整体建筑环境都进行了修缮和修整，但也予以保留并增建了部分非文物建筑。此次大修后至今的20多年里，神仓院还进行了多次保养性修缮，2004年神仓前院按照历史照片恢复了院内铺装，并填埋院内防空洞；2005年对收谷亭、山门等建筑进行常规保养性修缮，查补瓦面，恢复收谷亭柱间抱框装修；2007年修复围墙瓦面、清理墙边地坪及恢复围墙散水；2011年修缮神仓后院祭器库及配殿瓦面、油饰等，恢复西配殿外檐砖台帮做法，院内地面铺装等；2015年修缮神仓瓦面，解决屋面雨水渗漏问题。

历次修缮，尤其是1994年的大修留下了翔实的资料，积累了大量可借鉴的修缮经验，对本次神仓院保护修缮研究起到了重要的参照作用。

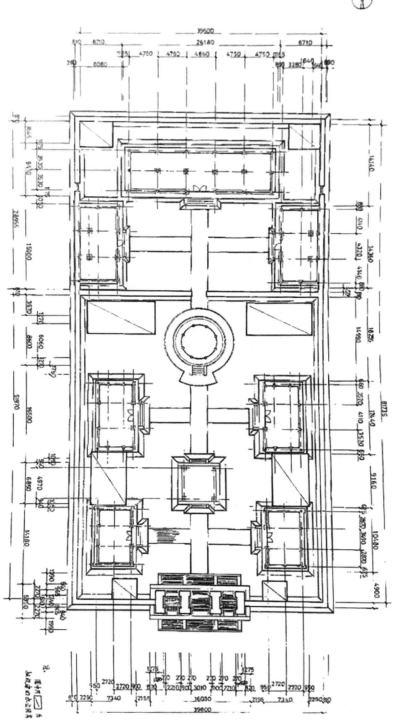

1994 年神仓院修缮平面图

# 三、先农坛神仓院现状分析与修缮思路

神仓院修建至今，已有近 500 年历史。在当前中轴线申遗工作中，北京市文物局确定神仓使用单位北京市古代建筑研究所于 2020 年末搬离，使用权交还北京古代建筑博物馆，因此拟定接收后首先进行再一次修缮。此次修缮前，北京古代建筑博物馆协同北京市文物建筑保护设计所对神仓进行了全面和翔实的现场勘察，对其现状、病害、成因进行了调研和分析，以问题导向拟定文物建筑的修缮思路，以争取最大限度地保护和修复文物建筑。

## （一）建筑屋面

大多数建筑屋面保存较好，瓦件基本完好，屋面无杂草，捉节夹垄灰存在一定程度的破损；所有文物建筑，除神仓外，均未发生明显漏雨现象（部分望板有水渍），圆廪神仓屋面中部宝顶存在渗漏；祭器库正殿屋面瓦件形制、规格和尺寸与院落内其他文物建筑不符；院落存在大量后续加建的非文物建筑及临时建筑，由于临时建筑的影响，院落院墙损坏较严重，院墙墙帽存在多处缺失和破损。

对院内所有建筑屋面进行查补，补配个别残损、缺失的瓦件，修补捉节夹垄灰；圆廪神仓的屋面以宝顶为中心进行揭瓦，需根据揭瓦后的情况对破损苦背层进行修补；祭器库正殿进行揭瓦，保留脊兽件，更换不合规制的瓦件；拆除全部非文物建筑和临时建筑，仅保留部分不影响文物建筑的服务保障用房，拆除后，修整墙帽，补配残损及缺失构件。

## （二）大木构架

根据现状勘察，所有文物建筑木结构未存在较明显的安全隐患，目前院内各建筑，除收谷亭、神仓外，室内都有现代吊顶，各建筑大木结构露明部分保存状态良好，个别构件开裂；后院祭器库正殿、配殿等文物建筑室内木柱墩接工艺较差，对结构竖向承载力有一定的影响。

各建筑大木保持现状，拆除室内装修，将大木构件全部露明后，对大木进行彻底检查，对个别开裂构件进行加固处理，存在病害发展趋势的再行处理，埋墙柱采用微钻阻力仪进行抽检，对有问题木柱，根据实际情况修缮；祭器库木柱进行重新墩接或加固处理。

## （三）建筑墙体、台基及地面

各建筑墙体未出现结构性病害，室外墙体上身抹灰保存较好，刷浆层褪色严重，下碱（包含前檐槛墙）个别砖体风化酥减，局部空鼓；各建筑室内墙体均为后代新做白墙，抹灰无存，下碱由现代装修遮挡，局部可见砖体孔洞较多；院墙上身抹灰局部空鼓、残损，刷浆层褪色，下碱砖体部分风化酥减严重；东西碾房、仓房附近存在后建建筑并，与文物建筑贴临，如贴合部位较大则可能存在缺失或残损。东西碾房、仓房原始地面无存，均为现代水磨石材料，圆廪神仓地面为现代木地板，祭器库及东西值房为后铺现代木地板，局部打开部位砖体保存完整；各建筑台基未存在明显下沉等结构安全性病害，石构件整体保存较好，个别存在断裂、缺角和后代修补痕迹，各建筑台帮砖整体保存较好，个别存在缺失、松动和脱落；各建筑散水保存较好，部分砖体残损，院落地面部分条砖风化，约有 30% 的地面砖存在不同程度的碎裂，后院由于树根影响，局部拱起严重。

各建筑室外墙体上身重新刷浆，修补破损、空鼓抹灰，下碱（包含前檐槛墙）剔补个别风化酥减严重的砖体；各建筑室内上身铲除现有抹灰，恢复包金土墙面，墙体下碱用砖灰封堵并整体打磨；院墙抹灰局部修补，整体重新刷红浆，剔补风化酥减下碱砖；临近后建建筑的墙体，待非文物建筑拆除后再行处理。东西碾房、东西仓房拟恢复室内尺四方砖地面，圆廪神仓拆除室内木地板，据实修补破损木地板，拆除祭器库及东西值房后，铺现代木地板，据实修补破损尺四方砖地面；各建筑台基石构件，去除松动的修补材料，使用油灰修补，台帮砖剔补残损砖体；挖补残损严重的散水砖和前院地面砖，重点恢复拆除临建后空出的地面，后院地面局部揭墁，在移除树木后，再行恢复。

## （四）建筑装修

东西碾房明间隔扇门四扇，形制正确，次间隔扇窗内侧增设断桥铝，与传统形制不符；东西仓房门窗装修为 1994 年修缮时新制，现为普通隔扇门窗，与原制木板墙、木板门不符；圆廪神仓由于后代拆改，现为隔扇门，周围增设什锦窗，内部增设断桥铝门窗，与原制封板不符；祭器库各建筑均为隔扇窗，内侧增设平开玻璃门窗。

东西碾房隔扇门保留，新做两次间隔扇窗，对东西仓房、圆廪神仓，根据历史资料及历史照片，按历史形制恢复门窗装修，为祭器库各建筑更换内侧玻璃窗，按传统形制恢复栓杆、连楹等构件。

## （五）环境整治及其他

在院落整体环境方面，目前院内存在大量的非文物建筑，部分植物生长也对文物安全产生了一定的安全隐患；院内雨水系统完备，基本能够满足排放要求，但存在管道老化现象，遇暴雨时，会发生积水现象；院内安技防、消防设施完备，能够满足安全要求，但现有电气主干线路明敷于文物建筑墙体，对文物风貌影响明显，且存在安全隐患。

拆除全部非文物建筑，仅保留少量对文物建筑本体不产生影响的保障和服务用房，南院植被全部保留，北院除一颗挂牌树木外，全部移栽；更换、加粗老化排水管线，去除损伤文物和铺设杂乱的电气线路，采用明敷、架空、管道暗埋等多制式，建立综合的供配电系统；全面检修避雷、安防、消防等安全设施，根据使用需求现状进行维护或新做；整治神仓院前广场，灰色水泥仿古砖海墁地面，拆除现有栏杆及金属隔离墩。

总体来说，神仓建筑群单体文物建筑不存在明显结构性病害。本次拟对建筑屋面、墙体、大木构架、台基、地面、室内装修、外檐装修等都进行修缮，在保障文物本体安全、最大限度延续文物使用寿命的前提下，尽量还原文物建筑的历史原状。同时对院落设备电气进行检修与完善，恢复院落整体历史环境，移除与整体环境不符的低价值绿化、树木等。

先农坛是北京中轴线重要的文物遗存，而神仓又是先农坛众多建筑群中最重要的功能建筑群之一，对其进行保护和修缮，以恢复其正常使用功能，并向公众开放，是十分必要的。神仓院在此次修缮完成后，将作为北京先农坛重要的展览场馆之一，为公众提供一个了解中华农耕文明、五谷农业知识的农业科普教育场所。

**参考文献**

［1］《北京先农坛史料选编》编纂组．北京先农坛史料选编［M］．学苑出版社，2007.

［2］陈旭，李小涛．北京先农坛研究与保护修缮［M］．清华大学出版社，
2009.

［3］北京古代建筑博物馆编．北京先农坛志［M］．学苑出版社，2020.

［4］北京市文物建筑保护设计所．先农坛神仓院保护修缮工程修缮方案．
2021.

王昊玥（文保部）

# 元朝建筑之美

## ——永乐宫价值简析

1271 年，元世祖忽必烈建立元朝。由于战争的影响，彻底摧毁了两宋发展下的繁荣经济，所以元朝早期以恢复经济发展为主。对于大兴土木的建设，以节省成本为主，这就成为减柱造在元朝盛行的一大原因之一。

减柱法打破了传统的间架结构，减少殿内金柱，加大了横梁的跨度，使大殿内的空间扩大，看起来开阔明亮。在宗教盛行的元朝，当在殿内放置较大的神像以及供奉多个神像时，减柱法的应用简单直接地解决了内部空间狭小的问题。由此，减柱法大量应用于宗教建筑，并渐渐影响到全国。①

永乐宫是元代重要的道观之一，也是保存最为完整的道教宫观。永乐宫的建筑多用减柱法建成，为研究元朝的减柱造提供了实物资料。它不仅仅是元朝遗存下来的重要古代建筑，其中更是承载了深厚的历史文化价值。

## 一、永乐宫概况

永乐宫位于山西省运城市芮城县，原名大纯阳万寿宫，是全真教道观，为奉祀道教祖师吕洞宾而建，原址位于永乐镇，是中国道教三大祖庭中规模最大、历史最悠久、保存最完整的道教宫观。永乐宫占地总面积 86860 平方米，坐北向南，宫内中轴线上自南向北沿中轴线布置有宫门、龙虎殿、三清殿、纯阳殿、重阳殿五座建筑。其中宫门为清代建

---

① 邹存龙，李慧峰.元朝木结构建筑减柱造盛行原因及其历史地位研究.安徽建筑，2014（1）：34.

筑，其余四殿皆为元代建筑。20世纪50年代，永乐宫由永乐镇迁至芮城，这是新中国成立以来首次完成古建筑群的整体搬迁。

永乐宫大门

永乐宫国保碑

全真道教创建之初，正处于道衰佛兴的局面。丘处机曾两次上雪山与成吉思汗拜会，向统治者宣扬不能暴政、要让人们休养生息，统治者接受了道家的主张，从而平稳过渡到中原统治，建立元帝国。成吉思汗则授丘处机"掌管天下道教"之权。丘处机回到中原后，立即在全国兴建道观，永乐宫就是在这个背景下修建的，先由丘处机亲自主持，丘处机去世后由其二位弟子潘德冲、宋德方修成。①

---

① 胡正义 . 道教文化与芮城永乐宫 . 文史月刊，2003（5）：53.

永乐宫原身为一所道观。据传全真教祖师吕洞宾出生在山西省永济市永乐镇，他去世后，人们将他的故居改建为吕公祠，金末又改建为道观。道观于元太宗三年（1231年）被烧毁。元太宗四年（1232年）时，在旧址上进行重建。此工程于贵由二年（1247年）动工，到至正十八年（1358年）完成三清殿、纯阳殿的壁画为止，用时长达110年之久。<sup>①</sup>

永乐宫的整体布局与皇宫的建制相接近，殿与殿之间用宽阔的甬道相连，两侧不设置庑廊和配殿，四周砌筑围墙两道，显示出道教的神圣与威严。可见当时的全真教的宫观建筑已有特殊的营造制度，是按照道教的象征意义而设计的，不仅能表示对所供奉神灵的尊重，同时宫殿建筑的特殊性也能显示出道教地位的高贵。<sup>②</sup>

## 二、文化价值

永乐宫是一座道教宫观，其内部建筑结构、整体布局都集中体现了道教的文化特色。

由宫门到龙虎殿之间的中轴线两侧，各种了14棵柏树，代表着天上的二十八星宿。龙虎殿的牌匾上写着"无极之门"四个大字，出自元朝官员商挺之手，是难得的书法作品。

永乐宫龙虎殿的"无极之门"牌匾

---

① 陈恩慧.永乐宫的建筑艺术与园林特色.艺术百家，2006（7）：83.
② 陈恩慧.永乐宫的建筑艺术与园林特色.艺术百家，2006（7）：84.

永乐宫宫门

永乐宫中轴线两侧的柏树

从宫殿规格来说，由大到小依次是三清殿、纯阳殿、重阳殿、丘祖殿（已焚毁）。道教尊崇老子李耳为始祖，宣扬"三清"，三清为道教的三位至高神。因此，三清殿当之无愧地被排在了前面。

三清殿

礓磋坡道

三清殿是永乐宫的主殿，位于高 2.4 米的台基之上，前面设有大月台，殿前台基、月台两边是礓礤坡道而不设立台阶，体现了道教中人人平等、没有等级分化的观念。①三清殿内的壁画在美术史上被称为《朝元图》，"朝元"即朝谒"玄元皇帝"老子。《朝元图》整体气势磅礴，构图宏阔，其中共有 394 位人物，各具特色。通过衣物、人物的表情动作展现出人物的性格与心情，将天神赋予了人的感情色彩。《朝元图》不仅继承了中国古代美术的传统风格，而且渗透着道教美学思想。道教美术着力表现神仙们奇特的经历和传说故事，一方面把神仙居住的洞府描绘成世外桃源；另一方面描绘天界秩序、天宫富丽以及仙界等级，赋予天神同人间一样的情感与相貌。这种表现方法的两重性，反映了道教"出世"与"入世"思想的并存，具体体现了道教既明道又明德的要求。②

纯阳殿位于三清殿后方，是为纪念全真教祖师吕洞宾而建。纯阳殿的内部墙壁上也绘满了壁画，与三清殿的《朝元图》不同，纯阳殿内的壁画为青山绿水图——《纯阳帝君神游显化之图》，整幅壁画由 52 幅小故事组成，由山水进行连接，讲述了吕祖一生宣传道家思想、惩恶扬善、行医救人的故事。每个故事的旁边都有黄色的板块，上面的文字是故事内容的介绍。这幅壁画从吕祖出生开始，描绘他云游四方的见闻和所历之事，到经由钟离权点化、最终得道成仙的过程。这 52 幅小故事拼凑出了吕祖的一生。这一壁画对我们研究宋元时期的社会风貌以及吕祖文化有着非常重要的价值。

在纯阳殿的门后，绘着一幅八仙过海图。八仙是道教中的人物，"八仙过海，各显神通"的故事在民间广为流传。这反映出了民间传说与道教文化之间的结合。八仙构成的神仙群体，成员固定，事迹生动，包括文学、艺术、历史、宗教、民俗等多方面的内容。八仙故事所反映的是非、善恶、邪正观念，使人听闻之后，联想自身，能从中得到不同的人生感悟。③

纯阳殿内的《吕祖百字碑》，是吕祖关于人修身养性的高度概括和总结。道教养生文化源远流长。澄心遣欲，方能长寿。道家精神与养生方法相结合，赋予了养生文化神秘且理想的色彩。④

---

① 陈恩慧.永乐宫的建筑艺术与园林特色.艺术百家，2006（7）：84.
② 姜全良.永乐宫壁画与道教文化.华夏文化，2009（3）：38.
③ 姜全良.永乐宫壁画与道教文化.华夏文化，2009（3）：38.
④ 姜全良.永乐宫壁画与道教文化.华夏文化，2009（3）：39.

重阳殿

纯阳殿的后边就是重阳殿，重阳殿内的壁画同样是青山绿水图，描绘的是王重阳的出生和一生游历四方讲经布道的内容。

永乐宫的壁画，还体现出了道家"天人合一"的思想。永乐宫三清殿壁画通过对壁画内容中诸天神的描绘，把宇宙人格化，把各种自然现象如日月星辰，人格化、理想化、社会化，并把它与人的情感道德进行类比。壁画中呈现的是天、地、人三者相应，是超出眼前所见、高于现实的精神创作，呈现了"天人合一"，充分体现了道家思想的宇宙观。[1]

## 三、艺术价值

永乐宫壁画是仅存的道教壁画中最完整的体系。我国当代著名的戏剧作者马少波在看到三清殿后写道："永乐三清铁画钩，曹衣吴带兼刚柔。唐宋遗风满壁是，堪称天下第一流。"

永乐宫壁画布满在龙虎殿、三清殿、纯阳殿、重阳殿这4座大殿内的四周墙壁上，总面积达960平方米，题材丰富，画技高超。其中，三清殿壁画是永乐宫保存最完整的壁画。三清殿壁画《朝元图》，集中了唐、宋道教绘画的精华。[2]

---

① 徐岩红.解读永乐宫三清殿壁画中的古代自然观.沧桑，2007（6）：234.

② 徐岩红，高策.永乐宫壁画艺术中的科学理论探微.山西大学学报（哲学社会科学版），2008（1）.

永乐宫壁画最大的艺术特色是以最大化凸显"线"的审美属性，并以其自身鲜明的"线"性和"勾填"用色为主要表现手法①，衣纹的用笔采用猪鬃制成的捻子进行绘制，其中最长的描绘线条超过了两米，世上罕见。

从线的表现手法来看，永乐宫的壁画，用笔十分讲究，行笔流畅，人物的服饰线条流畅，仙气飘飘，须发清晰，根根见肉，史书记载为"毛根出肉"。壁画中的神像虽然高度、朝向大致一样，但人物地位、性格、性别通过线条的描绘各具神采。②

从人物、服饰用色来看，不同神像的肤色，根据地位、性别的不同，深浅冷暖的处理各不相同。人物服饰的颜色处理同样根据人物的身份、性格，有着不同深浅变化、冷暖色调变换的处理。③

永乐宫壁画线条的粗细变化更是一绝。人物衣物的线条流畅、刚劲，长带飘飘，画中人的衣物鲜活灵动起来，仿佛被吹过的清风拂起。这种画法，继承了唐宋以后盛行的吴道子"吴带当风"的传统。壁画中的任何一个细节，都表现出当时画工高超的技艺。④壁画同时还做了沥粉贴金的处理，将金箔贴在人物衣饰花纹上，立体感很强，但金箔的厚度只有纸质的十二分之一，几乎接近于平面，但仍可以看出金箔的质感，给人以浮雕的感觉。

## 四、永乐宫壁画与永安寺壁画的比较

浑源永安寺内的传法正宗殿也是元朝时期的建筑，殿内的墙壁上也绘满了宗教壁画。

永安寺的壁画将藏传佛教、道教、汉传佛教、儒家文化、萨满教文化融合在一起，是清乾隆年间绘制的壁画。⑤

从内容来看，永乐宫壁画反映了全真道教内容，体现了道教的道义、思想和道教的自然观与道教独特的审美观。永安寺的壁画则是五教合一，将五个不同的宗教内容，完美融合在了一个大殿内，但根据壁画

---

① 陈琳.分析永乐宫壁画的艺术特色.旅游纵览（下半月），2017（8）：291.
② 陈琳.分析永乐宫壁画的艺术特色.旅游纵览（下半月），2017（8）：291.
③ 陈琳.分析永乐宫壁画的艺术特色.旅游纵览（下半月），2017（8）：291.
④ 陈琳.分析永乐宫壁画的艺术特色.旅游纵览（下半月），2017（8）：291.
⑤ 赵明荣.永安寺壁画绘制年代考.美术报，2007年1月13日.

古建筑保护

的布局来看，还是以佛教为主。

从绘画结构来看，永安寺大殿的中间绘有佛教的十大明王，十大明王一字排开，东、西两侧的画面则为平行式结构，分为上、中、下三层，各神祇鬼灵根据其地位和司职依序分组排列，体现了我国传统水陆壁画构图的特点，整体来看，布局工整，同时也将佛、道、儒和谐融合在了一起。

永乐宫的壁画根据壁画内容的不同，壁画的布局也略有不同。如三清殿内的《朝元图》，是众神朝谒玄元皇帝的场景，布局工整，按照对称美的仪仗形式排列，十分庄重严肃，体现了道教对玄元皇帝的尊重。纯阳殿的八仙过海图则不同于《朝元图》的庄重，在人物的动作和表情的表现上更为自由。纯阳殿的《纯阳帝君神游显化之图》，由52幅小画组成，但由于山水的连接，使整幅图看起来连贯自然。

在绘画技法上更胜一筹的是，永乐宫壁画已经用到了近大远小的透视法。这是在永安寺壁画中没有体现出来的。

从表现形式来看，永安寺壁画主要以"铁线描"和兰叶描为主要表现手法。线条流畅顿挫、劲力紧张，有曹衣出水之感。其中间的十大明王像更是巨壮鬼怪、笔力飞动，这与永乐宫壁画"吴带当风"的画风形成鲜明的对比。两处的壁画都是用矿物颜料进行着色，至今颜色仍然清晰可见。[①]

# 五、科学价值

永乐宫的壁画不仅注重画面，其背后深藏的科学意义也尤为重要。永乐宫的壁画在绘制时使用了透视法、比例法和光学投影等方法，创作出了磅礴的气势。

纯阳殿的《遇仙桥》描绘的是"度孙卖鱼"的故事。壁画中的亭台楼阁就是使用了近大远小的透视法绘制而成，使画面层次鲜明，更具立体感。[②]

比例法在壁画中的应用则是为了烘托和突出主体形象，并使画面具备了近大远小、前后层次的真实感。除了整体按照比例布置以外，画中

---

① 余嘉乐．浑源县永安寺传法正宗殿壁画的艺术特色与价值研究．山西师范大学硕士学位论文，2013年。

② 徐岩红，高策．永乐宫壁画艺术中的科学理论探微．山西大学学报（哲学社会科学版），2008（1）：141.

的人物、植物也是通过相应的比例来进行绘画，使画面看起来平衡和谐。

其中还用到了黄金比例法。在永乐宫三清殿东、西、北墙壁上的壁画，经测量发现，其长和宽的比例接近于被艺术家所认为的最完美的比例——黄金比，而且画面的长和宽所构成的长方形，也接近黄金矩形。[①]

在永乐宫壁画艺术中还运用了光学投影的表现手法。永乐宫壁画重视光与影的描绘，并且细心研讨了不同光线对物象的各种影响。[②]

三清殿的壁画中也蕴含着道教独特的宇宙观和自然观。三清殿的整幅壁画描绘的是文献上所说的六天帝、二帝后率领所属诸仙朝拜三清的完整图像。三清是道教的最高神，是"三一"学说的象征。《道德经》中"道生一，一生二，二生三，三生万物"的思想，体现了道家认为"道"是宇宙的本源，是万物运转的根本法则。这种对宇宙的理解方式属于古代朴素唯物主义，有很大的局限性，但以当时的情况来看，则具有很大的进步，有一定的科学意义。[③]

# 六、保护现状

20世纪50年代，永乐宫由原址整体迁移至芮城。

1959年，黄河三门峡水库开始修建，由于永乐宫位于淹没区（虽然搬迁后，原址并没有被淹没），国务院决定投资200万元来保护这一珍贵的历史文化遗产。[④]经过专家们探讨与反复的研究实验，最终决定，对壁画采取分块揭取的方法，将壁画切割成552块，最大的6平方米，重约一吨。将切割下来的壁画上下捆好弹簧，包装好后，进行运输。[⑤]在迁址的过程中并没有出现文物损坏的情况。

迁移次序是由重阳殿开始至宫门结束，在参观过程中，可以看到殿内墙体迁移时所留下的切割痕迹，但并不明显。

永乐宫的整体成功搬迁，开创了我国大型古代建筑及壁画搬迁保护的先河，是新中国建筑史上的一大奇迹。

---

① 徐岩红，高策.永乐宫壁画艺术中的科学理论探微.山西大学学报（哲学社会科学版），2008（1）：142.

② 徐岩红，高策.永乐宫壁画艺术中的科学理论探微.山西大学学报（哲学社会科学版），2008（1）：143.

③ 徐岩红.解读永乐宫三清殿壁画中的古代自然观.沧桑，2007（6）：234.

④ 谢武琦.永乐宫搬迁和保护纪事.文史月刊，2007（9）：18.

⑤ 郑振杰.永乐宫搬迁记.水利天地，1987（5）：31.

与永乐宫有着相同命运的还有武当山遇真宫。随着南水北调工程的实施，遇真宫面临被水库淹没的危险，为最大限度地保护文物，国家文物局决定对遇真宫山门、宫门实施整体顶升，将遇真宫整体抬高15米。将遇真宫整体解体重建，填土垫高，再将文物建筑复建到原地。

对于遇真宫的保护方案中，也有将遇真宫迁址重建的提议，但由于武当山下没有足够的地方，并且"遇真宫易地搬迁后不但离开了这一古文明所依存的环境，也违背了保持古建筑原真性的文物保护原则"①，所以这一提议被否决。

永乐宫和遇真宫面对相同的命运所采取的不同方式，与我国对于文化遗产的越来越重视和人们对于文化遗产保护的重视，科学的保护思想的进步是不可分割的。

在永乐宫内，出于对壁画的保护，现在永乐宫殿内禁止使用照明和拍照。永乐宫内共有三个大殿的墙壁上绘有壁画，三清殿内的壁画至今保存完好。在1952年进行文物普查时发现，纯阳殿内右侧墙壁下部已有部分墙体脱落，壁画也荡然无存。其余部分壁画保持完好，颜色依旧明亮鲜艳。重阳殿内的壁画是青山绿水图，描绘的是王重阳的教义传承。其内部壁画有部分出现颜色脱落发白的现象，同样是在普查时就已如此。重阳殿被发现时没有殿门，因此重阳殿的壁画颜色脱落的现象与光照和古建筑渗雨有关。

永乐宫的墙体属于空心夹层墙，目前并没有找到一个完美的隔离保护方式，所以永乐宫的壁画是对其进行自然保护的。

山西省文物局在2016年对永乐宫数字化项目进行公开招标，以"保护为主，抢救第一，合理利用，加强管理"为工作方针，运用数字化采集技术、数据处理技术、三维建模、全景漫游等技术手段，对永乐宫珍贵文物进行数字化采集、加工和储存，并利用数字化成果进行文化衍生和推广，从而实现永乐宫文物的数字化保护，增强永乐宫历史文化的影响力和辐射力。

至2018年，永乐宫内的所有壁画已经拍摄完毕，正在由敦煌研究院进行后期的制作，整体制作完工后，永乐宫的壁画也可以像"数字敦煌"一样在网上进行全息观看。

---

① 高洪远，邓东升，马昌勤. 南水北调大型水利工程与文化遗产保护——武当山遇真宫保护工程. 中国名城，2015（5）：80.

永乐宫由于海拔较高、地理位置偏僻，来此参观的游客较少。2015年芮城开通了中条山隧道，使通往永乐宫的道路更加安全、便利。芮城位于三省交界处，交通的改善可能会给永乐宫带来大量的游客，扩大永乐宫的影响力以及关注度。但如果永乐宫的游客大量增多，也会给这座古建筑带来不可逆转的伤害，所以有可能会对永乐宫进行游客的限流，或是实行封闭式的保护。

关于永乐宫的维修，是出现问题时才会上报请求专人进行修复。平时，会不定期对古建筑进行保养和除尘。对于古建筑的斗拱的保护，则是用防护网将其与外界隔离，防止鸟类对木结构的破坏。在进行除尘维护时，要将殿外的防护网卸下，在维护工作结束之后再将防护网放回。

正在进行除尘工作的纯阳殿

宫门的防护网

农历三月初三是吕祖诞辰日，每年这个时候都会在永乐宫举行祭祀活动，会有吕祖巡山、八仙会府等民俗活动。在活动的衬托下，永乐宫不仅是因壁画而名声在外的冷冰冰的古建筑群，而是与传统民俗融合在一起，以不同的形式，传播中华文化，扩大中华文化的影响力，成为增强民族自信心的一份力量。

纪念吕祖诞辰祭辞碑

**参考文献**

[1] 陈恩慧.永乐宫的建筑艺术与园林特色[J].艺术百家，2006（7）.

[2] 陈琳.分析永乐宫壁画的艺术特色[J].旅游纵览（下半月），2017（8）.

[3] 杜仙洲.永乐宫的建筑[J].文物，1963（8）.

[4] 胡正义.道教文化与芮城永乐宫[J].文史月刊，2003（5）.

[5] 姜全良.永乐宫壁画与道教文化[J].华夏文化，2009（3）.

[6] 康书增.永乐宫壁画的价值与地位[J].装饰，2007（11）.

[7] 徐岩红，高策.永乐宫壁画艺术中的科学理论探微[D].山西大学学报（哲学社会科学版），2008（1）.

[8] 徐岩红.解读永乐宫三清殿壁画中的古代自然观[J].沧桑，2007（6）.

[9] 余嘉乐.浑源县永安寺传法正宗殿壁画的艺术特色与价值研究[D].

山西师范大学硕士学位论文，2013 年.

［10］张兵.芮城永乐宫［J］.文史月刊，2016（8）.

［11］赵明荣.永安寺壁画绘制年代考［J］.美术报，2007 年 1 月.

［12］谢武琦.永乐宫搬迁和保护纪事［J］.文史月刊，2007（9）.

［13］郑振杰.永乐宫搬迁记［J］.水利天地，1987（5）.

［14］高翠凤.复原——永乐宫壁画搬迁始末［D］.硕士学位论文，中
国艺术研究院中国古代美术史，2008 年.

［15］高洪远，邓东升，马昌勤.南水北调大型水利工程与文化遗产保
护——武当山遇真宫保护工程［J］.中国名城，2015（5）.

［16］邹存龙，李慧峰.元朝木结构建筑减柱造盛行原因及其历史地位
研究［J］.安徽建筑，2014（1）.

蔡昕月（社教与信息部）

北京古代建筑博物馆文丛 第八辑 2021年

# 文物研究与赏析

# 古泗水岸边的遐想

## ——脩石斋藏古下邳国画像砖石赏析

2017 年初，我得到京城脩石斋藏主陈建新先生赠《脩石斋藏汉画像砖石图册》一部。作为民间收藏研究机构，陈先生自 20 世纪 90 年代末，开始关注流散在江苏徐州地区的汉画像砖石的收藏和整理，日积月累，已至 700 余方，其中画像砖 480 余块，画像石 240 余方。此番经藏主亲力捶拓后，由中华书局编辑选取其中 600 余幅结集成册。画册在手，翻阅颇感兴味，遂购汉画像著录若干，准备就这一专题做些功课。作为一个专门的学术领域，我深知绝对不是读几本相关著录即敢发声品评的，但是伴随着学习和阅读，特别是感受着那一幅幅汉画像呼之欲出的灵动气势，感受着尺寸砖石之上那强烈的艺术张力，还是忍不住将所学和所想梳理成文，以共赏于同好，以就教于方家。

第一，让我们先了解脩石斋藏汉画像砖石的整体情况以及收集地区。

这些画像砖石是东汉时期手工制作的墓葬构件，均为一砖（石）一画。其中画像砖全部为模具制坯成型，手工雕刻纹饰后烧成，除少量为扇形、楔形、异形、组合形成砖外，绝大部分为 45 厘米 ×22 厘米 ×9 厘米的长方形大砖，制作工艺规整统一。从图案内容的装饰工艺上看，减地浅浮雕加细部阴刻线工艺占绝大多数，具有明显的区域性特征。画像石皆为石灰质岩，由青石板石材雕凿制成，其中 80% 以上具有灵璧石石性特征，石质缜密，敲击时声音清脆绵长，且易破损崩裂。图像雕刻皆为减地浅浮雕构成主题纹饰后，再配合阴刻线线雕及细部雕琢工艺而成。除大部分统一形制尺寸以外，少量因在原墓葬的不同位置及用途有别而有差异。

这些画像砖石是十几年来陆续在钟吾（新沂）、睢陵（睢宁）、下相（宿迁）、淮阴（淮安）、徐、僮（泗县）、取虑（灵璧）等苏北、鲁南地区民间搜寻，分批所得，缺乏原始出土墓葬信息，实是遗憾。但因是藏主亲自收集整理，所以可以清晰勾勒出它们的分布范围，即：以江苏睢宁县古邳镇峄山为中心，向北辐射至今江苏邳州市和山东临沂地区，偏西北达山东枣庄地区，西至江苏徐州地区及附近村镇，南邻安徽宿州灵璧县、泗县、褚兰镇及附近地区。这恰好与东汉永平十五年（72年）所封方国下邳国所属疆域相重合。

据《汉书·地理志》《后汉书·郡国志》记载，下邳本属东海郡，西汉武帝元狩六年（公元前117年）置临淮郡，领治下邳。东汉永平十五年（72年）更为下邳国（今江苏邳州市南），始封其第六子刘衍为第一代下邳王，统辖下邳、徐、睢陵、下相、盱眙、灵丘（沛县东）等17城，人口61万多，前后共有四代君王分封在此。从现有古下邳国墓葬出土实物情况看，各地区都有画像砖、画像石分布，主要集中在故国国都遗址80公里范围之内。作为东汉时期较大的封属国，虽历尽两千年的沧桑，但借着这些有形象、有故事的砖石刻画，泗水岸边的遐想仍能把我们带回那个气势磅礴、充满探索与理想精神的大汉时代！

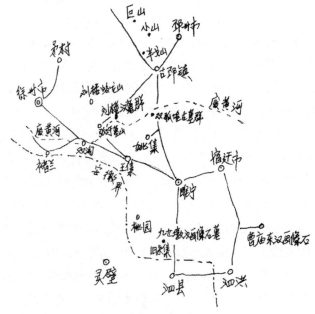

古下邳国墓葬群分布

第二，脩石斋藏汉画像砖石赏析。

由于古下邳国经济富庶、交通便利，文化艺术因此呈现兼容并包的特点，其墓葬群出土画像砖、画像石内容丰富，虽在砖石材质与雕刻手法上呈现鲜明的地域特征，但雕刻内容更多反映了东汉时期宏阔的社会背景与时代风尚。

（1）画像砖石生动反映了现实社会的生产、生活情况，真实展现了人生欲求和现世理想。画面中多见牛耕纺织、狩猎织网、桔槔捶牛、人物车马、兵战马球、宴饮博戏、杂技马戏、演乐建鼓等场面。

二人抬杠耕作图与1999年3月16日发行的《汉画像石》邮票一套6枚中第一枚"牛耕图"几无二致，邮票原石现藏西安碑林博物馆，1962年出土于陕北绥德县。我国牛耕文明始于陕西，古代文献在四千多年前就有牛耕的记载。作为经济富庶、交通便利的古代徐州地区，其画像石中出现牛耕内容，正是其时其地农业生产的真实写照。在画面上，一根横木架在两头牛的胛背上，二牛共挽一犁。可见汉代犁耕的基本形式是：独辕长且直，辕前端与犁衡联结，犁衡左右各一轭，各挽一牛，即所谓"二牛抬杠"。画面中耕牛刻画得动感十足，力道债张。扶犁者更是身形高大，扬鞭跨步，威风凛凛。后边陪衬一小人，与扶犁者形象形成鲜明反差，但神态专注，手正探入布袋中掏籽点种，形神兼具。整幅画面浑然大气，真实再现劳动场面，有极强的艺术表现力。

二人抬杠耕作图（100厘米×50厘米×8厘米）

牛耕图邮票

观看建鼓舞、杂耍图画面左侧是表演场面，中间有一建鼓，方形基座，左右两个舞者奔走击鼓，下方一人在做跳丸表演，用双手抛起四丸，另有一人双臂上扬，做准备空翻状。四名表演者皆侧面，有的嘴巴微张，有的瞠目搞怪，都呈跳跃步态，尽显幽默滑稽。画面右侧屋宇下端坐二人，侍立二人，都是观众。屋宇下鹤鸟环飞，一派悠然祥乐的气氛。

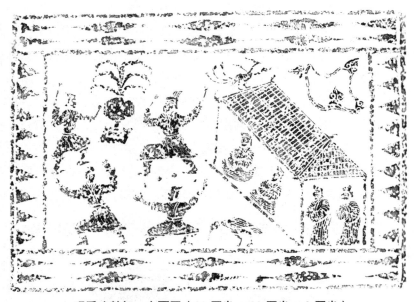

观看建鼓舞、杂耍图（80 厘米 ×60 厘米 ×8 厘米）

这些画面中表现出来的浓重的劳动情趣和生活气息，是对现实生活的真实写照。墓室中描绘的现实生活图景是希望死者来世继续享受这一切，表达了人们对尘世生活的热爱、肯定和眷恋，对彼岸世界生命永恒、幸福常驻的渴望和期盼。这正是那个时代人们对死亡的最初认识以及对灵魂进行抚慰的思考和探索。

（2）在脩石斋所藏这批画像砖石中，刻画历史人物及历史故事的内容相较其他现实生活和神话故事为少，未出现徐州地区汉画像中常见的季札挂剑、泗水升鼎等故事，但有孔子见老子、周公辅成王、荆轲刺秦王以及二桃杀三士等内容。

周公辅成王图描绘的是周武王死后，成王年幼即位，由周公、邵公辅佐。图像中间站立少年时成王，左右有为成王撑曲柄伞及跪侍、弯腰持笏的大臣形象。周公代行征伐，并制礼作乐，开周室八百年太平之基。成王年长，周公即还政，成为汉代人心目中的先圣之一，也是人臣的楷模，汉代的士大夫都以周公为楷模。

周公辅成王图（43 厘米 ×21.5 厘米 ×9 厘米）

荆轲刺秦王的画像在汉代较为多见。脩石斋藏的这方荆轲刺秦王画像画面人物共五人，与山东嘉祥武氏祠左石室第四石的画面相近，画面中部的石柱上插着荆轲掷的匕首，右下方装有樊於期首级的头匣半打开。左侧两人是荆轲和秦王侍医夏无且。右侧三人是秦王、秦王侍卫与秦舞阳，秦王和秦王侍卫在上，秦舞阳惊吓倒地在下。人物刻画传神，将荆轲刺秦千钧一发的场面描绘得栩栩如生。

荆轲刺秦王（110 厘米 ×50 厘米 ×10 厘米）

这些为大家耳熟能详的人物和故事，象征了人间的道德伦理秩序，寄予了儒家的仁君思想和忠孝节义观，蕴含着儒家仁爱精神的伦理道德要求。在墓室中刻画这些历史图像，以图立赞，褒扬鉴戒，以达到为现实统治服务的目的。以现实世界的价值取向来昭告灵魂的永生，可见这些伦理道德秩序早已深入了汉代人的骨髓，内化为国人的道德理想。

（3）在脩石斋所藏的汉画像中，祥瑞类内容非常多，图像主要有羽人、四灵、九尾狐、蟾蜍、玉兔、比翼鸟、翼龙、麒麟等，其中羽人的形象最为多见。

羽人、鹿与神鸟图，羽人的形象为全身羽毛，双臂为翼，能在云中飞翔，其最直接的理解与象征就是羽化成仙。同时随着两汉时期求仙活动的愈演愈烈，人神关系出现了更加丰富的内容，羽人逐渐作为使者与引导者成为沟通人间与仙界的独特角色。这种形象也是汉人心中对神仙的想象形象。

羽人、鹿与神鸟图（67厘米×34.5厘米×6.5厘米）

羽化成仙是人们最大的渴求，而不能羽化成仙的，就要借助其他工具飞升上天，传说中的神界之物，如青龙、白虎、朱雀、玄武之"四灵"便承载了这一功能。龙自古就是能上天入地的神物，具有沟通天地的神力，汉画像中出现的翼龙就是希望死后灵魂能在它的导引下成仙。虎、凤、鹿等形象也是传说中导引升仙的瑞兽，把它们的形象刻画在墓室中，或是作为帮助墓主人导引升天的工具，或是作为辟邪镇墓、劾治鬼神的神物，都寄予了人们渴望升天、追求长生不老的美好愿望。

朱雀图（上宽31.5厘米、下宽18.5厘米、高44.5厘米、厚11厘米）

御龙图（43厘米×21厘米×9厘米）

　　在仙界，掌管着不死之药的西王母占据着极高的地位，是汉代人顶礼膜拜的神祇。传说中西王母住在昆仑山上，她拥有在人生前可以让人长生不老、羽化升仙，在人死后可以使人的灵魂得到安息并进入极乐世界的能力。西王母的形象经历了一个由丑到美的演变过程，《山海经》中说她虎齿、豹尾、善啸，到了汉代则成为一个头戴方胜、端庄美丽的女神。她有时单独出现在汉画像中，有时与东王公相对而坐，身边伴有玉兔和羽人，这是传说中仙界的景象。脩石斋藏一方西王母图画像砖，单独成像，保持早期西王母豹尾的特征，整体还趋向人首兽身的形象，但突出了鬓边方胜装饰。在另一方西王母与灵兽捣药画像石中的西王母已是体态端庄、雍容华贵，两旁有灵兽服侍，右侧有羽人和玉兔捣药的形象刻画。西王母形象的塑造，反映了汉代人祈愿生命永恒的美好愿望和战胜自然力量的丰富想象。

西王母图（上宽厘米、下宽厘米、高24厘米、厚7厘米）

**西王母与灵兽捣药图**（98 厘米 ×40 厘米 ×7 厘米）

　　两汉时汉画像中的神话故事，多是人们从需要出发，依托自然界的生物和气候现象，构建出虚拟的想象空间，反映了人们思维里理想化的归宿。画像中经常在现实的生活场景中出现飞仙、翼龙、翼虎等现实世界中并不存在的形象，出现人神同居、其乐融融的场面。人们通过描绘神仙居所和神话故事，显示出神仙世界并非遥不可及的幻境，而是存在于现实生活周围。人们根据理想塑造着艺术形象，也描绘着汉人对天地宇宙的叩问与礼敬。

　　（4）脩石斋藏祖先与自然崇拜题材汉画像多为伏羲女娲、炎帝月轮、朱雀九穗禾及风伯、雨师、雷公等内容。

　　伏羲女娲托举日月图，伏羲女娲分别举日托月，蛇尾交缠。伏羲女娲是人类初祖，传说中伏羲在"三皇五帝"中居首位，是人文之祖，女娲是化育万物的伟大母神，他们具有无穷的神力，受到人们虔诚膜拜。交尾是阴阳结合的象征，体现了汉代人生殖崇拜的心理。他们希求始祖神的庇佑，使子孙康宁、人丁兴旺，这是生命得以延续永恒的一种形式。

**伏羲女娲托举日月图**（70 厘米 ×68 厘米 ×8 厘米）

另一方画像石中的伏羲女娲形象是双尾相缠，伏羲持规，女娲持矩，两者仿佛朝相反的方向飞去。整个画面除正中央的"伏羲女娲"，还有中间和两侧的蛇身羽人。画面风格协调统一，给人以随时可能腾云而去的动感错觉。

伏羲女娲图（110厘米×50厘米×12厘米）

炎帝与月轮、朱雀、九穗禾图中炎帝手牵朱雀，右上方月轮硕大满盈，似在闪耀光芒，下方一株九穗禾粗壮饱满，充满生机。炎帝作为人类始祖，教民稼穑，播撒了农业文明的种子，受人崇敬。祖先崇拜与现实生活中的农业生产相结合，更突出表达了人们崇拜祖先，祈望庇护逝者、赐福人间的美好愿望。

炎帝与月轮、朱雀、九穗禾图
（22.5厘米×44.5厘米×10厘米）

风伯、雨师、雷公图，风伯正在鼓舌吹气，雷公手握双锤，随鼓车前进。在远古时代，日月星云、风雷雨雪等天体运行现象都极大地影响着人类的生活，由此人们对它们产生敬畏感。这些自然现象被神化和人格化，同时被赋予了神性和神职，受到膜拜。画像石中的风伯、雨师等形象，一方面是汉代人对于冥界的幻想，另一方面这些形象也与一定的祈雨仪式相连，是一种自然崇拜的延伸。对冥界的描绘，更是关联着现实世界的顺遂和美好，既是对逝者的追思，更是对生者心灵与情感的抚慰。

风伯、雨师、雷公图（100 厘米 ×50 厘米 ×9 厘米）

掩卷而思，当我怀着沉静的心情翻阅这厚厚的一册汉画像砖石拓片，内心的感受颇为复杂。这连环画式的形式与内容，是古人用他们的思维和视角为我们留下的珍贵信息，正如著名文史专家田秉锷先生所讲："它是无声的画，有形的诗，雕镂的梦想，殂殁的挽歌；它是两千年前图画式的信息库，它是汉代先民留给后代的无言之教。"这批画像砖石，来自东汉下邳国域内的两千年前泗水岸边的一个封属国。峰回路转，沧海桑田，古下邳国遗址的发现，这里密集墓葬群留下的内容丰富的汉画像，为我们揭开了遥远时代的冰山一角，让我们乘着汉代人飞扬的思绪、无畏的探索，来一场穿越时空的巡礼。

张敏（北京古代建筑博物馆副馆长）

# 如　林

在北京二环西南，藏匿着一片繁杂都市的逸静区，被高楼、别墅、学校四周环绕，早晚被人流车流堵得水泄不通。在通过数百米的两边种着规划着的杨树的水泥路，穿过矗立着六百多年的北天门，即到达先农坛古建筑群的腹地。

## 青草地

记得那是十年前的夏季，迈进门槛，是一座由彩钢板搭建的传达室兼检票室——我们那会儿管它叫"门房儿"。印象中常年有一位固定大姐和几名上了年纪的老大爷轮流值守。一组爆了皮的破木桌上总是摆

窗　外

草　地

着一杯沏好的热茶和一小捆扎好的门票存根。一张被画得满是圈点的日历，径直地挂在窗户的正下方。最重要的就是每隔个把小时在内坛的巡逻。毕竟是皇家园林，安全问题是最重要的。那时每一日都只有三两游客，看似是服务观众，不如说就是守护祭坛的卫士。让我记忆犹新的是门房的后身儿，一棵半死不活的侧柏，挡着一片破败不堪的烂草皮。那树没有多少叶子，而且因为针叶的缘故也挡不住太多的阳光，所以每当烈日炎炎或明月当空，日月的光辉都会透过本就稀缺的树冠撒在那破败的草皮上，显得与21世纪格格不入。与其说草皮，不如说是草泥相间的泥巴路。唯一区别的在于这是一片不让随意践踏的"泥巴路"罢了。每天晌午，总有两位年过古稀的老人结伴驾驶着电动轮椅来这里散心。围着他们的，是十来只胖乎乎的鸽子。不用问，这些鸽子就是在这里经过很多人照顾才吃胖的。当然，也有不幸惨殁在车轮之下的鸽子，因为它们笨得根本就一点都不怕人。这些鸽子有的飞到这两位老人的肩膀上，有的飞到他们身边的树荫下，总之是为了等待老人手中即将撒得满草地的谷子和玉米豆。

在值班的时候，我曾经坐在"门房"画过一些速写。坐在屋子里望向窗外，有一盏灯，那灯似乎是按照古建筑的风格定制而成。白天并不违和，而晚上又十分明亮。窗户和灯与远处的树木和高楼，让人有种穿越的感觉。我的一位老师曾经说过，"画家到一定年龄就要学会使用减法"。眼前的景色，可能在做完"减法"以后，才能真正让自己的意识和作品固定在某一时代。转身坐在"门房"后身，我仔细打量着眼中的景色，或许破烂的草坪不应该是我刻意描写的东西，而更应刻画一些美丽事物的组合。

很多年过去了。彩钢的门房已经变成了钢筋水泥构建的安检室，老旧的草皮早已被铲掉而换成了能够开花的新品种。看门的老大爷和大姐如今也各奔东西，换成了年轻的、朝气蓬勃的安保人员。那两位开着电动轮椅的老人和那些鸽子，现在或许已经去了另一个世界。取而代之的是院子中充满各种现代化的电子设备——电动门、监控、太阳能灯……我看着"新门房"后面的不知道什么名字的"温控设备"，仿佛感觉似乎封建时代已过去，蒸汽时代已来临。这也或许就是必然结局——时代的车轮前进不止，旧事物终将被碾得支离破碎。

然而对我来说，最终留下的，也仅仅是一些陈旧的画作和破碎的记忆。

# 柏 树 林

历时七八月，漫步至内坛大门，看到影壁，左转前行，才可来到正殿，但我习惯性地向右手边走去。因为在这里，矗立着不少树木，可以让繁杂的心情先平静下来。径直映入眼帘的，是三棵二三十米的柏树，其中一棵已存在数百年，另两棵是已死去不知多久的侧柏。但它虽死，却各自成就了一棵高耸的地锦。这地锦，灰褐色和紫红色的枝条粗细盘踞了整个枯树，卷须顶端的吸盘紧紧抓住枯柏的躯干。成片楔形锯齿形状的叶片，完完全全地掩盖了枯柏的形骸。这棵地锦似乎存在了几十年，它的存在仿佛就是为了印证那棵柏树曾经在世间经历的风风雨雨。

这样的树藤组合在这里还有那么几棵，也许是人为的为了美化枯

影　壁

树而使用的无奈手段，或是为了成就藤与树的寄生关系，但不管什么原因，它们就在那里拥抱缠绵在一起一二十年，人们已不再需要知道它们存在的原因，只需要细细品味就好。仔细看茂密的藤下还有一片荫凉，这荫凉是各种小动物和昆虫的家园。有时猫咪们三三两两地躲在藤下乘凉，有时候喜鹊、乌鸦、啄木鸟藏在其中，当然还有蝉若虫深藏在地下。随着天气变化，有时能看到零星的蜘蛛在藤树下结网，也有时候能看到成群的蜗牛在树荫的草丛中翻腾着什么，有时候一夜之间可以看到很多蘑菇错落有致地从土中冒出来，有时也偶尔能发现一些不知名的百足虫仿佛在不慌不忙地更换自己的新家。这些生物相互之间也许因为食物链的关系暗流涌动，但在人类眼中，也只能感觉到他们之间的"一片祥和"。往前走走，还有十多棵高大的桧柏。它们每一棵都是一组小生态圈——柏树、绿草、蒲公英、狗尾草、鸟窝、松鼠洞……这些组合经常能构建出一些景象：几只乌鸦和喜鹊在这些柏树间追跑嬉戏，松鼠趁机忙碌地采集着各种食物，小心而又紧张地在花草中穿行，最后矫健地爬到桧柏上，消失在树梢。这样的组合在内坛应该有数十个，分布在内坛的各个地方。

　　我以前试过猜测这些松柏（几年前有松）也许因为皇家规制需要、风水布局，或是纯粹的图个"松柏长久""主君长寿"的吉祥寓意，抑或如同文章需要润色一样，纯粹为了点缀些绿色而被种植在这里。但数百年已过，对于我来说，一切意图皆没有猜测的意义了。它们存在的结局，对我来说，仅美即可。

# 双　松

　　透过拜殿可以直接看到太岁殿，甚至能望见不少祭器。但记忆中，一眼望去最明显的是两棵松树。这两棵松，一棵位于拜殿南（偏西南）30余米，一棵位于拜殿北30余米，内外呼应着。蜿蜒的树干和层层的树冠，不同于黄山松那么奇特挺拔、苍翠俊秀。孤立地扎根在古建筑群中略显得神秘。让人不禁产生疑问：这是何人所种，种在此处有何用意？它们的位置看上去并不规矩，拜殿外的那一棵在门口偏西的位置，而太岁院的那一棵是正中心靠东的位置，相比较院子里的几棵位置相对规矩的柏树，感觉仿佛是什么人随意插放于此。松树的观赏价值是有目共睹的。我曾经也在拜殿和东配殿前画过一些以松树为主题的写生。一边画一边感觉到它似乎有某种坚韧不拔的力量，仿佛如睡狮，如卧龙。我最喜欢的就是松树的叶子，成针状，常两针、三针一组或五针一束，纤细轻柔，微微扭曲、不畏严寒。松树被誉为"岁寒三友"之一，被人冠以拥有不畏逆境、战胜困难的坚韧精神，其主要原因就是它耐寒的针叶，也使得它绿树长青。

　　回想当年的双松，我也沉思着这些年经历的很多事。我一直并未

神　坛

从事我熟悉的绘画专业，而且在一个不熟悉且完全不感兴趣的领域，尽量地做好自己。如同这松树一样，人们赋予它的千秋万代的意义大于它本身的价值。但或许我真应该回忆起那些年拿起笔画画的感觉，忘记一切，甚至忘记自己，宛如行云流水，只自顾自地完成一幅自己喜欢的画作。不为能超越什么，也不为能达到什么水准，如同这松树一样，只为能坚韧地表达出自己的感悟。然而我们可能都需要冷静地看清现实。如同这拜殿的双松一样，无论它有多少我们喜欢的定义，他们注定就是在这里装点古建筑的陪衬，注定只是作为皇家万世万代的象征，注定最终无法逃脱被移走或砍伐的命运，注定在这历史的大潮中被完全埋没。现在那双松已经毫无存在的痕迹。它们的消失或许真的更好地还原了明清时代先农坛的原貌，也或许正因为他们的消失，才实现了现代人对古代园林原貌的尊重态度，而现在我只是觉得双松的消失可能让一些曾经来过的人找不到当年的感觉，让曾经以它们为背景留影的人会心生一丝遗憾。然而消逝的也只能消逝，或许我们都应该向前看。

好在我当年最终还是用画笔以古建当作陪衬记录下了那双松。其实这些画最终会消逝在历史的长河之中，但我依然用自己的方式记录着它们。不是因为我觉得它们比600多年前的古建筑群名贵，而是觉得它们与我更有共鸣，甚至更像我自己，无论在任何时候，都应该坚持着自己的初衷。如同双松的结局，甚至如同这个世界一样，即便最终都会消失，也不能放弃我们应有的"坚韧精神"，还有我们的本应该坚持的使命。

孤　松

# 谷 子 田

　　先农坛在近 50 年里，因历史原因，已变得和清末的先农坛大相径庭，随着中轴线申遗，也逐渐缓慢地恢复着原本的面貌。因为这毕竟曾经是皇家祭祀神农的场所，所以曾经的一亩三分地，也终于因中轴线申遗的关系又纳入了先农坛的版图。内坛具服殿的附近，有过一片田地。它近年来被种植过不少作物。这里的作物，其实并不是随意而种，而是为了某些主题文化活动而特别种植的。遥想清明时节在先农祭坛上举行祭祀先农的活动，和演员们扮演着皇帝文武大臣以及各种礼部官员伴着大风之章祭祀的场景，这样虔诚的祭奠可能真的与如今的大丰收有着某种联系。成熟的稻谷金黄璀璨，夏秋交替时节也是先农坛最美丽的时刻。成熟的谷子须根粗大，秆直立粗壮，有半身来高。田地虽不是一望无际，但也十分广茂。这谷田从成熟至收割，与后边的绿树呼应，也显得非常有画面感。此时我不禁想起了两幅世界名画，凡·高的《稻田》与米勒的《拾穗人》，恰恰与当时的景致如出一辙，或许也只有用名画才能去形容我见到的壮阔场景。其实至今我也未搞清这些谷子是谁种出来的，但我真心佩服他们能种植作物的技艺。虽然说好的作物需要天时地利与人和，但无论是什么时代，人最可贵的还是协作的精神与不懈努力的意志。

凡·高《稻田》

米勒《拾穗人》

　　我不太想高谈阔论古代皇族是否因为天灾还是人祸，这样大张旗鼓在皇城脚下划出一亩三分地屈尊与农民同耕同种；也不太想强调北京先农坛系列文化活动近十年对百姓的专项文化普及的突出作用；更不想在此追溯这600年来山川坛如何演化成现在的先农坛。但我想说的是，也许这就是一种上古的传承与时代的演变、科技的革新、劳动的精神的融合，他们的最终产物就是这美丽稻田的丰收之美。最终这些稻谷被作为追忆先农或者宣传祭祀先农文化活动的纪念品，它们被精心包裹着，并发放给很多人。如果说古代祭祀是一种旧文化，那么先农坛文化活动就是一种新文化。也许收到这些纪念品的人，在不久的将来也将化作新旧文化相结合的种子，将这文化口耳相传。而那些收获的粮食，则是这口耳相传的鉴证。

　　时光荏苒，谷物终将因收割而死，但也因得到生命的种子而重生。这片谷田会因为文化活动的不同主题在将来会变成麦田、稻田或是其他某种作物的乐园。但无论变成什么，它都终将不间断地周而复始地生长着各种作物。实际上作物不会主动地因为人类意志或生或灭，因为就算人类消失，植物也不会自发丢掉作物的属性，生死轮回，生生不息。

## 菜　　圃

　　现如今，先农坛内坛全部区域几乎已被美化得井井有条。可以说先农坛的存在，已经成为大部分的现存植物存在的唯一理由。然而有那么两三块地方种植着一些与先农坛主题毫不相干的作物。其中一块是一小片菜圃，里面种着一棵柿子树。这棵树说来并没有什么历史价值，可能是曾经在这里的什么人有意无意地栽下的。这棵树看起来并没有多少枝叶，然而每年十月左右，都会结满黄润的柿子，而后变为橙色，不知何时，上面还会结不少"霜"。此时，它们便成为喜鹊和乌鸦们相互争夺的对象，甚至连麻雀也来你追我赶地跟着起哄。不少熟透的柿子，时不时拍落在菜圃中。说到这一方菜圃，之所以叫它菜圃，只是后来有人在里面有计划地随意种着些小萝卜、毛豆和青菜之类，其实与柿子树一样，也没有什么历史渊源。可能曾经就是谁家的一块草地，或者干脆就是一块忘了铺砖的黄土地。只是现在，它又被重新利用上，种植了一些什么无关紧要的东西。相比较其他年代悠久的松与柏和身负文化传承的一亩三分地上的作物，这里生长的小东西们显得有些上不了台面。

现在，还有一些作物每年都在这里开花结果。然而久而久之，这菜圃也许会因时代的变化而被淘汰、被填平，柿子树可能也不复存在。但这些在时代夹缝中生存的作物，谁说就不如那些被人为赋予了重要文化或历史传承任务的作物更有意义呢？至少有那么一些人曾经在这里耕种过，期待过，因为病虫害而失落过，抑或是因丰收而喜悦过。它们都有它们各自的存在的价值，前者可能是大喜悦，而后者也不妨说是小的欢喜。

值班室

　　小与大、重要与次要，其实我们从来都没必要去纠结。如同城墙的命运一样，随着城市的发展，城墙也许是城市规划的阻碍。而如今随着人们精神文化素质的提高，可能恢复古代建制成为人们更加迫切的需求。又如先农坛 600 年来的变化，从早期两千余亩的面积，历经变故，成为七千余米，再到如今的七万平方，甚至因为中轴线的申遗，未来可能会促使周边的学校、医院、体育场等设施迁移，而使其恢复到明清时代的大小。人们曾经觉得重要的东西会因为旧时代的发展变得不那么重要或干脆舍弃，而相反地也会因为人们在新时代的意识、眼界的提高，重建那些曾经舍弃的东西。或许真的印证了那句话，此一时，彼一时，存在即合理。

　　大意义也好，小目的也罢，抓住当下的小瞬间，砥砺前行，便没有了遗憾。

## 如　林

　　"风往南刮，又向北转"，万物轮回不止。"一代过去，一代归来"，大地永长存。

苏振（办公室助理馆员）

北京古代建筑博物馆文丛　第八辑　2021年

# 博物馆学研究

# 关于行政事业单位财政预算资金信息管理一体化的探讨

从预算管理实践层面来看，自 20 世纪末期我国先后实施各项预算管理制度改革，使中央和地方财政管理效能不断加强，但是与"标准科学、规范透明、约束有力"的预算制度相比，还有一定的差距。在此背景下，推进预算管理一体化建设，以系统化思维和信息化手段推进预算管理工作，能够为深化预算管理制度改革提供重要的基础性支撑。伴随现代信息技术的不断发展，会计行业环境发生了变革，会计信息化程度不断提升。财政一体化管理信息系统，不断在全国范围内进行推广及应用，切实将财政数据信息安全加以保障，提升财政部门及行政事业单位工作效率，同时提升资金使用率，利于财政、审计部门监督检查。

## 一、财政预算管理一体化的工作背景

党的十九届四中全会贯彻党的十九大精神，部署推进国家治理体系和治理能力现代化，要求完善标准科学、规范透明、约束有力的预算制度，进一步指明了新时代深化预算制度改革的方向。

目前，我国的现代预算制度从主体框架和构成体系来看已经基本确立，但是，与党的十九大和十九届四中全会提出的预算制度建设目标要求相比，仍有较大差距，深化改革还面临较多挑战。多年来，部门预算、国库集中收付、政府采购制度等各项预算制度改革分头推进，中央和地方改革实施做法不尽相同；各级财政预算制度分别制定，没有形成全国统一的、贯穿预算管理全流程的预算管理规范；各类预算管理信息系统分散开发，不能相互衔接，无法进行有效的信息共享利用。这些情况导致当前各级预算管理存在着一些实际问题，有的还是瓶颈性问题，不利于预算法律法规在预算管理中的贯彻落实，也不利于各项预算改革措施的协调推进实施，制约了现代预算制度效能的充分发挥。

## 二、深化预算制度改革面临的主要问题

（一）预算管理不够全面综合。预算单位所有收支必须全部纳入预算，接受预算约束和监督。当前仍有部分预算单位收入还游离于预算管理之外，不利于财政部门统筹各类公共资源，如单位资金在执行环节未实行指标控制。

（二）支出标准建设总体滞后。2014 年国务院《关于深化预算制度改革的决定》要求：进一步完善基本支出定额标准体系，加快推进项目支出定额标准体系建设，充分发挥支出标准在预算编制和管理中的基础支撑作用。当前，基本支出标准不够全面和系统，非财政统发人员测算相对粗放；行业定额还没有全覆盖，特定行业定额标准建设还相对滞后；项目支出标准与预算评审、绩效评价衔接不够。

（三）预算约束制度不够完善。调整支出结构还不够，预算单位项目支出编制未能紧跟政府宏观政策方向，或与部门职能衔接不够，存在项目审核把关不严、拼凑项目等问题。同时，还存在预算调剂没有规范的程序，在项目之间、预算科目之间频繁调剂，有的将结转结余资金随意调剂使用，影响了预算的严肃性，部门和单位预算执行的约束力度较弱。因此需从财政长期可持续角度，加强建设项目、专项债券项目同预算项目库的衔接，做好当年预算资金与结余结转资金统筹，进一步统一规范预算调剂程序。

（四）预算管理在不同层级、主体、环节衔接不够。纵向上，上下级预算还未做到严丝合缝；横向上，预算编制、执行信息不够衔接，各系统还存在信息不对称、数据交互衔接不够顺畅、单位会计核算衔接不够等的问题。

（五）预算安排与资产管理不够衔接。新增资产配置预算、存量资产运维预算与存量资产衔接不够，资本性支出与形成的资产衔接不够。

## 三、财政预算管理一体化的总思路

面对当前预算管理工作中遇到的问题，按照中央深化预算管理改革要求，财政部印发了预算管理一体化系统实施方案，分阶段在全国推

进预算管理一体化系统建设，通过信息化来推进预算管理现代化。

以省级财政为主体，构建本省预算管理一体化系统，打通同级财政内部各业务系统，并与外部单位系统有效衔接；贯通省内各级财政部门转移支付数据。

"制度＋技术"，以习近平新时代中国特色社会主义思想为指导，全面贯彻落实党的十九大和十九届四中全会关于预算制度建设的新要求，以及习近平总书记关于以信息化推进国家治理体系和治理能力现代化的重要讲话精神，统一规范各级财政预算管理，将制度规范与信息系统建设紧密结合，用系统化思维全流程整合预算管理各环节业务规范，通过将规则嵌入系统强化制度执行力，为深化预算制度改革提供基础保障，推动加快建立现代财政制度。

预算管理一体化坚持依法规范管理，预算管理主体责任不变，坚持对标现代预算制度建设目标，统筹谋划，分步建设。

## 四、财政预算管理一体化和过去的预算管理模式相比有哪些特点

（一）财政预算管理一体化建设不仅是财政管理信息手段的革新，更是全面深化预算管理制度改革的有力支撑。和传统的财政管理模式相比，变化较大，主要体现在三个方面。一是管理理念转变。习近平总书记提出，要以信息化推进国家治理体系和治理能力现代化。建设预算管理一体化系统，就是贯彻总书记提出的系统理念，全流程整合预算管理各环节业务规范，重塑统一的业务流程，并用现代信息技术将业务规则嵌入操作系统，通过系统管控预算管理全流程，实现制度规范与信息技术的有机融合，确保预算管理制度和各项改革措施的落地落实。二是管理方式改变。推进预算管理一体化要求对所有预算支出实施项目化管理，这是管理方式上最大的改变。所有需要预算安排的资金必须先纳入预算项目库，没有入库的项目一律不安排预算。此外，在目前预算管理范围的基础上，还要将部门和单位银行账户的资金收支情况纳入预算管理一体化系统，提高预算完整性。三是管理效能提升。预算管理一体化实现了数据大集中，获取数据更快、更准、更全，所有业务流程可追踪、可追溯、可约束；绩效管理贯穿预算管理全过程，对预算执行进度和绩效目标实现程度实施"双监控"，实现预算和绩效一体化管理；搭

建了一个统一的财政云平台，预算单位办事更便捷、更高效，效率大大提升。

（二）推进财政预算管理一体化系统建设，只是业务流程和技术标准的集中统一，不改变单位的预算执行主体地位和责任，也不改变预算单位资金使用权、财务管理权和会计核算权。过去项目申报和资金使用的规范基本上保持不变，但也确实有一些变化。

项目申报的主要变化有三点。一是单位项目谋划要更早。对于需要财政资金安排的项目，预算单位需要提前谋划，履行前期论证、评审、立项等必要程序才能入库。二是项目必须进入财政项目库。坚持"先有项目后有预算""资金跟着项目走"的理念，所有预算安排必须从项目库选取项目，未入库的项目不得安排预算，杜绝预算安排的随意性。三是入库项目要有绩效。为提高入库项目预算的合理性和科学性，单位对所有入库的项目必须科学编制绩效目标，按规定开展事前绩效评估和项目预算评审、专家论证等。

资金使用主要变化如下。一是用款更便捷。一体化实行全流程电子化管理，取消了用款计划编制，合并了支付方式，预算单位根据财政部门下达的预算指标和实际需要，足不出户即可全天候办理用款业务，实现"人不跑腿、数据跑路"。二是单位自主权更大。预算单位在资金使用过程中，需要调整资金用途等事项的，可以通过系统进行线上调整，不需再现场办理。三是对年终结余结转资金自动收回。通过系统设置，年终系统会自动计算各单位结转结余资金，除科研项目资金外，不需按原用途继续使用的，自动收回财政部门，提升了工作效率。

（三）预算项目的全生命周期是指预算项目从启动到结尾所经历的各个阶段，主要分为前期谋划、项目储备、预算编制、预算执行、项目终止等阶段。这些阶段连接起来就构成了项目的全生命周期。一是前期谋划和项目储备阶段，推动预算项目常态化储备，做到预算项目早谋划、谋划好、提质量，通过严格入库管理，防止预算项目安排的随意性。二是预算编制阶段，推动预算项目编实、编准、编细，为预算批复后的高效执行打牢基础。三是预算执行阶段，为预算项目追踪、监控以及动态反映调整和调剂信息提供管理平台。四是项目结束和终止阶段，强化对预算项目的及时清理，盘活结余资金，完善预算绩效评价等。

# 五、预算一体化的主要途径

推进预算管理一体化系统，就信息系统建设紧密结合的原则，将预算编制、预算执行、决算和财务报告等各个业务改变传统的管理理念、管理模式和管理机制，按照制度规范，将工作流程与业务环节按一个整体进行整合规范，建设贯通各级政府的财政"云平台"。简要地讲，就是要实现"四个统一和一个提高"，以实现行政事业单位财政信息预算一体化的切实、高效的实施。

（一）统一业务流程。将过去五花八门、各式各样的财政业务操作办法进行统一设计，重塑成一个统一的业务规范和操作流程。各级财政部门、各级预算单位按照统一的业务规范和操作流程，办理预算管理各项业务，实现预算管理标准化、规范化、程序化，形成资金从预算安排源头到使用末端全过程的管理闭环，实现政府预算、部门预算、单位预算之间以及上下级预算之间各业务环节无缝衔接和有效控制。

（二）统一技术标准。制定财政业务操作系统的统一标准，将过去分散在各层级、各业务部门、各预算单位众多繁杂、各自独立的软件系统，按照统一的技术标准进行整合，同时还要将债务、资产、绩效、政府采购等相关业务系统深度融入，打造统一的预算管理一体化系统，解决纵向上财政各项数据难以追踪和汇总，横向上业务衔接不畅、信息共享不充分等问题。

（三）统一操作平台。采取省级数据大集中的管理模式，对标统一的业务规范和技术标准，搭建一个以省级为单位的统一的预算管理业务操作平台，各级财政部门、各级预算单位统一通过该平台办理财政预算管理各项业务。同时，将分散在不同级次财政部门管理的数据集中在省级统一管理，打破信息"孤岛"，实现数据共联共享，提升对数据的管理和分析运用能力，为政府加强宏观调控、制定政策措施提供参考。

（四）统一预算管理一体化规范。对预算管理的主要环节，按一个整体进行综合与规范，涵盖了基础信息、项目库、预算编制、预算批复、预算调整调剂、预算执行、会计核算、决算和报告等8个主要环节。统一预算管理一体化系统技术标准：统一管理流程、规则和要素。

（五）不断提高财务人员的信息化操作水平。信息化时代的到来，影响并推动了以数据处理分析为基础的会计工作的发展，行政事业单位会计正在信息化处理的方向上迈进。应当看到，在行政事业单位信息化的发展进程中还存在不少需要解决的问题，比如单位管理层面对会计信息化重视程度不够，会计从业人员自身专业水平与网络信息化接受能力有限，市场经济时代下财务人员要从思想上对会计信息化进行认可，认识到采取会计信息化的好处。当今社会财务需要复合型人才应付会计信息化的发展。因此，要重视会计基础工作，财务人员在工作岗位上不仅要学习财会业务知识，更要不断学习计算机方面的技能，尤其是具体操作方面的知识，使其能够顺畅操作预算一体化系统，以适应现代财务工作的要求。

预算管理一体化建设在预算管理理念和方式上有很多深刻的变化，在管理体制机制方面有很大的创新，实现了政府预算管理的一体化、部门预算管理的一体化、预算全过程管理的一体化、项目全生命周期管理的一体化、预算数据管理的一体化。实际上这不仅仅是财政部门的一次自我革新，也势必对各级预算单位财务管理带来一些影响和变化。如，规范和统一各级业务流程和控制规则，实现预算资金全链条清晰可查，能有效防止挤占挪用等问题出现，等等。需要说明的是，预算管理一体化涉及业务环节较多，不能一蹴而就，有的管理变化与当前变动较大，也不会一步到位，而是采取"统筹当前，兼顾长远，稳妥试点，逐步完善"的思路推进。一是，预算管理一体化系统贯穿了预算编制、预算执行、决算和报告等管理环节，环环相扣，自动记录指标分解、下达、调整、执行和结转结余全过程，实现预算资金全链条清晰可查、全流程可追踪和控制，真正实现无预算不支出的约束控制。二是强化了绩效目标管理。项目库对预算项目实行全生命周期管理，各部门、各单位应结合部门事业发展规划提前研究谋划项目，常态化开展项目申报和评审论证，实施绩效目标管理，未按要求设定绩效目标的项目不得纳入项目库。新出台重大政策对应的项目还需要开展事前绩效评估。三是强化了资金动态监控。预算管理一体化系统通过信息网络等电子化手段，实时动态监控预算管理的全过程，实行了事前、事中监控和事后跟踪反馈，对发现的违规问题及时纠正处理，防止财政资金滥用行为，建立资金监管长效机制，确保了财政资金使用效果。

党的十九届四中全会强调，制度的生命力在于执行，要切实强化制度意识，健全权威高效的制度执行机制，把我国制度优势更好地转化为国家治理效能。这就要求新时代深化预算制度改革，必须更加注重各项改革措施的相互协同配合，以提升预算管理的整体效能为目标，采用系统性思维进行制度设计，创新制度执行机制，增强预算制度的规范性、协调性和约束力。预算管理一体化借鉴系统科学的原理和方法，将预算管理全流程作为一个完整的系统，整合完善预算管理流程和规则，并实现业务管理与信息系统紧密结合，将规则嵌入系统，提高制度执行力，为深化预算制度改革打下坚实基础。

**参考文献**

［1］郭俊武. 事业单位以预算为核心的财务管理一体化信息建设［J］. 中小企业管理与科技（下旬刊），2017（07）.

［2］许宏才. 加快推进预算管理一体化建设 以信息化驱动预算管理现代化［J］. 预算管理与会计，2020（11）.

［3］李红莲. 行政事业单位财政预算资金进入财政一体化管理平台后的探讨［J］. 营销界，2020（51）.

董燕江（办公室高级会计师）

博物馆学研究

# 公立博物馆职工绩效管理初探

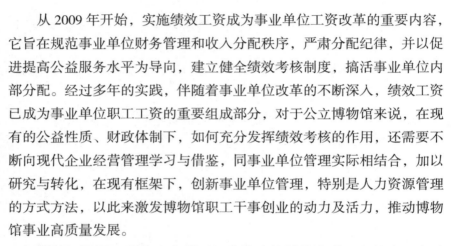

从 2009 年开始，实施绩效工资成为事业单位工资改革的重要内容，它旨在规范事业单位财务管理和收入分配秩序，严肃分配纪律，并以促进提高公益服务水平为导向，建立健全绩效考核制度，搞活事业单位内部分配。经过多年的实践，伴随着事业单位改革的不断深入，绩效工资已成为事业单位职工工资的重要组成部分，对于公立博物馆来说，在现有的公益性质、财政体制下，如何充分发挥绩效考核的作用，还需要不断向现代企业经营管理学习与借鉴，同事业单位管理实际相结合，加以研究与转化，在现有框架下，创新事业单位管理，特别是人力资源管理的方式方法，以此来激发博物馆职工干事创业的动力及活力，推动博物馆事业高质量发展。

绩效工资源于现代企业管理经营策略的绩效薪酬，它是建立在对员工行为及其达到组织目标的程度进行评价的基础之上的，因此它有助于强化组织规范，激励员工调整自己的行为，并且更好地帮组织完成目标。以绩效定薪酬这一点，可以从期望理论中获得解释。期望理论的表达公式为：工作动力 = 效价 × 期望值。它认为一种行为倾向的强度取决于个体对某种行为带来的结果的期望强度，以及该结果对行为者的吸引。当员工认为努力工作能获得好的绩效评价结果，而好的绩效评价结果又能带来满足需要的回报时，他就会倾向于多付出努力。因此，要想绩效薪酬发挥其应有的作用，就必须首先建立有效的绩效管理体系。

一个完整的绩效管理过程是一个循环，如下图的绩效管理循环所示，它包括绩效计划、绩效辅导、绩效评价、绩效反馈。这个循环与全面质量管理所倡导的 PDCA 循环的思想是完全一致的，P 代表计划，D 代表执行，C 代表检查，A 代表处理，通过这四个阶段，一个循环终了，质量提高一步，遗留问题又开始了下一个循环，循环不止，质量不断提高。

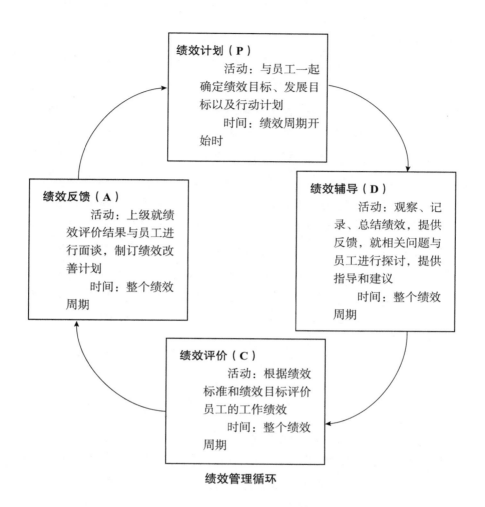

绩效管理循环

# 一、绩效计划

绩效计划是对职工应该实现的工作绩效进行反复沟通的过程，在绩效目标的制定过程中要进行充分的绩效沟通，要通过讨论确定在未来的绩效周期中，职工应该做什么，如何做以及取得什么样的效果，即要回答"评价什么""怎样评价""何时评价"的问题，"评价什么"取决于博物馆的战略和职工个人所承担的职位职责，这两者共同决定了职工需要承担的关键绩效领域（KPA）或对其而言的关键成功要素（KSF）。"怎样评价"的问题是通过找到每一个关键绩效领域或关键成功要素中所包括的关键绩效指标（KPI）来解决的，同时每一个绩效指标往往还应被确定一个目标值。"何时评价"是绩效评价的周期问题，但它通常是要在绩效计划阶段就应被解决了，因为绩效计划需要按照一个明确的绩效周期来制订。

在制订绩效计划时有两个最为重要的前提条件：一是清楚地了解单位的职责和发展目标；二是要清楚地了解职工所承担的岗位本身的职责。所以在绩效计划的制订步骤中首先就要掌握各种信息，例如博物馆的发展目标、各个岗位的岗位职责说明书等。

在绩效计划中主要涉及三个部分的主要内容，结果、行为及开发计划。首先，结果是指职工需要完成哪些工作或者必须取得哪些实际的成果，其中包括职工的关键绩效领域、关键绩效指标以及涉及质量、数量、成本和时间等维度的绩效衡量标准。其次，在绩效计划阶段还需要对职工的行为及其工作完成方式加以界定。在界定行为的时候，最常用的一种手段是胜任素质模型。最后，管理人员应对职工在上一轮绩效管理环节中发现的问题达成开发计划共识，使绩效管理真正循环起来，在开发计划中包括员工需要改进的领域以及在每一个领域中需要实现的改进目标等。

## 二、绩效辅导

绩效辅导实际上就是绩效计划的整个实施阶段，它是整个绩效管理循环中持续时间最长的一个阶段，因为它涵盖了员工在绩效计划指导下，为努力达成预定的绩效目标的要求而开展的所有工作活动和工作过程。在绩效辅导的过程中，一方面，主要的责任承担者是职工本人，他们需要通过自己的努力来达成当初所做出的绩效承诺；另一方面，职工的直接上级也承担着重要的管理责任，他们是否有能力通过监控、协调、指导等活动来推动或激励职工实现预定的绩效目标，对于职工的实际绩效达成来说具有非常重要的影响。因此仅从这一角度来看，对于博物馆来说，对中层干部的选拔和培养也是越发重要。

在这一阶段，职工和直接管理者之间需要主动进行频繁和及时的沟通，通过持续的沟通对绩效计划做出适时的调整，了解计划执行过程中的相关信息，职工可以提出必要的资源支持，管理者可以及时掌握职工的工作进展情况，了解当前工作进度与预定计划之间的差距，从而及时做出各种必要的调整，避免到最后关头才发现目标难以实现。

# 三、绩效评价

个人绩效的产生过程可以简单地描述为一位具有某些特征的职工，在一定的组织环境下，通过采取某些行为或表现出某些行为，最终达成某种结果。因此，可以把职工的绩效划分为个人特征、个人行为以及客观结果三个方面。据此，从理论上来说，可以采用特征法、行为法和结果法对职工的个人绩效衡量和评价。但在绩效评价实践中，特征法很少被单独使用。首先，通常个人特征是不受本人控制的，在大多数情况下，这些特征在人的一生中是非常稳定的，即使一个人愿意付出巨大的努力，也不是很容易就开发或改变特征。其次，即使某人具备某种对组织有利的个人特征，也并不意味着这种特征必然能够带来组织所期望的行为和结果。所以，在实际评价过程中通常都同时采用结果法和行为法对员工的绩效进行衡量，但特征也不能完全被忽略，在行为法中往往也是用职工在实际工作过程中的行为表现来对他们的特征进行衡量和评价。

## （一）结果法及其应用

结果法重点关注通过工作产生了哪些成果和结果，它主要适用于以下几种情况：（1）行为和结果之间存在明显联系，只有当职工实施了某些特定行为之后，才能达成某些特定的结果，此时，对职工的工作结果进行评价，实际上也是在客观上督促职工采取正确的行为，例如某些重复性较强的工作任务。（2）正确完成工作的方式不止一种，当完成工作任务的方法有很多种时，运用结果法进行绩效评价，能够鼓励职工采用创造性、创新性的方法实现组织期望的结果，例如提升博物馆的观众量。

为了衡量职工因承担某一具体职位上的工作而需要达成的结果，首先，需要明确职工的关键职责领域，也就是需要重点完成的工作任务主要集中在哪几个重要领域；其次，想要衡量职工在每一个关键职责领域中是否都达到了组织的要求，需要用哪些指标来进行评价，即关键绩效指标（KPI）；最后，要明确在这些关键绩效指标上应当达到何种水平才能表明职工在本职工作中达到了组织的要求，即绩效标准或指标值。

### 1. 确定关键职责领域

确定职工需要在其中达成结果的主要工作职责在哪些范围内，根据这些工作任务之间的相关性，将它们划分为若干个任务族群或若干个关键职责领域，在关键职责领域确定之后，就可以依据相对重要性程度来确定不同职责领域的权重。例如，对于一名博物馆的社教工作人员来说，工作任务或工作活动包括很多，如设计社教课程、组织主题文化活动、参加学术会议、撰写和发表学术论文、申请科研课题、日常服务接待、参加馆内日常会议及培训等，我们可以把社教工作人员需要完成的这些工作任务归纳为社教活动、科研、行政事务等三大类关键职责。

### 2. 确定关键绩效指标（KPI）

确定在某一关键职责领域中需要达成的最为重要及可衡量的绩效结果，这一指标应具备三个基本特征：对职工个人所在职位评价是重要的；有数量限制，不能过多；能够加以衡量。例如，社教工作人员关键职责领域之一是组织开展社教活动，而衡量这一工作能否达到要求，可以有两项关键绩效指标，即策划组织活动的数量以及活动质量评估结果。

在针对任何一个关键职责领域确定关键绩效指标时，都可以从数量、质量、成本以及时间四个方面进行。避免只评价数量，而使职工忽视了工作质量，或只评价数量和质量，而在实际工作中又产生拖延实际或是不顾成本的现象。

### 3. 确定绩效标准或指标值

绩效标准或指标值是帮助人们理解理想的绩效结果在多大程度上已经得以实现的一种尺度。这些标准或指标值为绩效评价者提供了有用的参照信息，可以帮助他们准确判断职工在某一方面的绩效达到了何种水平。一旦指标值确定，职工在工作过程中就应该能够获得及时的反馈，这样才能让他们知道在实现目标的过程中取得的进展如何。对于那些最终实现目标，甚至超越目标或指标值而达到更高要求的员工，就可以给予应有的报酬或额外的奖励。

要想使关键绩效指标和相应确立的指标值达到为职工提供明确指导并鼓励他们努力实现目标的作用，通常要达到 SMART 原则（S=Specific、M=Measurable、A=Attainable、R=Relevant、T=Time-bound），即绩效目标必须是明确具体的、职工能够清楚理解的；绩效目标必须是可以衡量的，而不是无法通过定量或定性方式判断或区分的；绩效目标应当是职工经过努力能够达到的，过高或过低的目标都起不到激励职工努力工作的作用；绩效目标应当是以结果为导向的，关注的是最终需要达成的定量或定性的结果；绩效目标的实现必须设定具体的时间要求或截止日期，而不能没有明确的时间限定。

## （二）行为法及其主要评价方法

行为法的主要做法是首先界定一名职工在有效完成本职工作时所必须展现出来的各种重要行为，然后要求评价者对一位员工在多大程度上表现出了这些行为做出评价。在实际评价中，前文所述的结果法因为直接、明了，成本也比较低，通过结果法收集的数据看起来更为客观、直观，所以更加受到管理者的青睐。而胜任素质模型的提出，对能力、态度等行为的评价提供了有力的支持，越来越被广泛应用。

### 1.胜任素质模型

胜任素质模型实际上是从在职的绩效优秀员工身上总结出来的，有助于在本职工作中达成高绩效的一系列知识、技能、能力、价值观、工作动机、自我认知等因素的集合。一般而言，胜任素质模型可以划分为两类：一类是区别性胜任素质，这些胜任素质是区分绩效一般员工和绩效优秀员工的重要因素；另一类是基准胜任素质，它是任何一位员工达到令人满意的最低绩效标准时必须在工作中表现出的能力。然而，无论是何种胜任素质，其本身往往是一些相对抽象的概念，没有办法直接加以衡量。因此，需要通过一系列可观察到的行为对胜任素质加以定义，这样，通过考察职工有没有表现出这些行为，便可以判断他们是否具备某种胜任素质。例如，下表中就是对社教工作人员社教课程及活动策划开发能力的定义及其行为等级描述。

**胜任素质模型：社教课程及活动策划开发能力**

| 胜任素质名称：社教课程开发能力 | |
|---|---|
| 胜任素质定义：该胜任素质的核心是在对博物馆馆藏、展览等深入研究的基础上依据授课对象，制定相关教学内容和活动，策划主题活动，并组织实施 | |
| 4级：卓越 | 具备很强的组织策划能力和传播能力，主持或作为主要完成人组织开展大型活动，取得显著社会效益；制作系列课程或形成品牌，受到学校或研学机构的青睐，为公众特别是青少年提供了重要的公共文化服务；对其他工作人员的课程制作及活动策划给予指导 |
| 3级：优秀 | 具备较强的课程编写、活动策划能力，主持或作为主要完成人组织开展大型活动，取得较好的社会效益；系列课程、活动的重要参与者；对其他工作人员的课程制作及活动策划给予指导 |
| 2级：良好 | 可以独立完成课程的编写或活动策划，并在实施过后得到肯定的评价 |
| 1级：基础 | 可以在有经验的工作人员指导下，完成课程编写或活动策划 |

## 2. 行为法的主要评价方法

### （1）图尺度评价法

图尺度评价法是首先明确一些需要评价的特征要素，再为每个特征要素确定绩效评定等级（或取值范围），为了使其更具有操作性，通常还会加上一些简单的具有标杆式的陈述，这样，在对某一行为或胜任素质进行评价时，就可以保障可供选择的每一个评价等级都界定得比较清楚。例如对博物馆社教工作人员组织策划文化活动的能力进行评价，可以设立 5 个尺度。

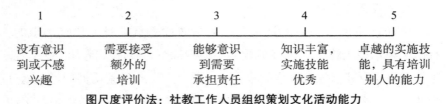

图尺度评价法：社教工作人员组织策划文化活动能力

### （2）行为锚定法

行为锚定法是将工作行为描述成等级性的量表，每项工作都划分出行为等级，评价时只需将职工的行为和等级表对号入座。如对职工工作知识的等级评价（见下表），对这一绩效维度上存在的一系列行为事件进行描述，每一个事件都分别代表在这一绩效维度上的某种或高或低的绩效水平。

**行为锚定等级评价法：工作知识**

| 等级 | 内容 |
|---|---|
| 5 | 优秀：在本职工作的所有方面所掌握的工作知识都能始终如一地达到高水平。其他职工都请这个人为自己提供一定的培训 |
| 4 | 胜任：在大部分工作领域中所掌握的工作知识都达到较高水平。能够一贯地完成所有的常规工作任务，并且持续谋求获得更多的工作知识，在某些领域可能会寻求帮助 |
| 3 | 称职：所掌握的与本职工作有关的各方面知识都能达到一般水平。在完成一些困难的工作任务时可能需要帮助 |
| 2 | 需要改进：不能总是在规定时间内完成工作任务，或者不能总是完成本职工作要求完成的各项任务。没有努力通过获得新的技能或知识来改善自己的绩效 |
| 1 | 需要重大改进：通常无法正确完成工作任务或根本不完成工作任务。没有任何改善自己绩效的愿望 |

注：工作知识的定义，职工所掌握的与工作有关知识和技能的数量

### （三）绩效评价的主体

由直接上级进行考核是最常用的方法，他们是评价职工的最佳人选。但是如果单一选择由上级作为评价主体，可能会受到个人主观因素的较大影响，所以在实际评价过程中，可以采取不同主体评价，然后进行综合的分析，在博物馆工作中，主要包括下级、同事以及员工自己，某些直接接触观众的一线岗位，还可以适当搜集观众的评价。

直接上级通常对工作的结果更加重视，而其他员工可能会从工作行为的角度审视其他人的绩效。因此，把同事纳入考核的主体，对上级的评价加以补充，可以更加全面地了解职工的工作情况。但是，当绩效评价结果与薪酬和晋升激励机制结合得十分紧密时，同事之间会产生某种利益上的冲突，这时的评价就没有什么参考价值了。让职工自我评价，可以让职工了解自身的长处和短处，以便设定适合的目标，但是在自评中，通常会比较宽松，所以在评价结果的确定中只能占小部分。在评价管理者时，下级职工是非常有发言权的，他们能够站在一个独特的角度给管理者的工作行为，给出较为全面、客观的评价。

# 四、绩效反馈

绩效反馈通常是以绩效反馈面谈的形式开展的，它的目的在于向员工反馈绩效考核结果，了解清楚员工绩效不合格的原因，从而为下一个绩效周期工作的展开做好准备，并向员工传递组织远景目标。通过绩效面谈，为领导与职工搭建了沟通的平台，通过双方真诚的沟通，使职工能够更客观地了解自己工作中的不足，改善自身的绩效，同时有助于增加组织的凝聚和竞争力。

绩效反馈面谈的内容主要是就绩效现状达成一致，探讨绩效中可改进之处，商讨下一步的工作目标。面谈目的是改进绩效，而不是简单"批评"，所以在面谈进行过程中要注意将建设性批评与赞扬相结合，避免产生抵触情绪，赞扬职工的优秀绩效有助于强化职工的相应行为，此外还表明绩效反馈不仅仅是在寻找不足，从而增加可信度。建立互相尊重的氛围，鼓励职工以积极的心态参与面谈，多发表自己的观点与看法，进行双向沟通，而不是领导说个不停。绩效反馈的重点在于解决问题和帮助职工制定具体的绩效改善目标，助推下一个绩效管理循环的启动。针对存在的不足，管理者不仅要帮助职工制订具体的绩效改进计划和个人开发方案，还要明确具体的时间，同时对职工在实现开发目标以及绩效改进方面取得阶段性进展的情况进行监督和审查。

## 五、对不良绩效的处理

绩效水平的产生通常取决于工作能力和工作态度两个因素，这两个维度构成了四种情况，针对不同的情况需要采取不同的纠正措施。

（1）工作态度比较积极，但是工作能力明显不够。这时可以提供更多的工作指导和辅导，提供更为详细和频繁的反馈，同时提供能够弥补相应的知识技能的培训机会。如果通过培养开发实践发现，职工的绩效不佳是由于不适应目前承担的岗位，则管理人员可能需要对职工的岗位进行调整，使他们的能力和优点与所在的岗位需要完成的任务相匹配。

（2）工作能力没有问题，但是工作态度不够端正或工作动机较弱。管理人员需要进一步考察，职工的工作态度或动机有问题，到底是由于没有得到公平对待、领导的管理方式有问题，或是个人生活中遇到了困难，还是因为职工确实思想、道德品质等方面存在问题。对于前一种情况，应帮助职工解决在工作或生活中遇到的困难，而后一种情况在经过深入的沟通和思想教育后，如仍没有改进，就只能解聘了。

（3）当职工的工作能力和工作态度均与组织要求存在较大的差距时，仍先要为职工提供可能的改进机会。首先，要让职工明确认识他们的绩效与组织的要求存在较大差距，意识到问题的严重性，并且了解持续绩效不佳可能带来的后果，其中包括解聘。其次，应当通过岗位调整或者提供培训机会等其他形式为职工提供绩效改进的路径。如果仍没有改善，就只能解聘了。

（4）当职工的工作能力和态度都很好时，也不应该因表现优秀而被忽略。管理人员要拿出足够的时间与其沟通，除了晋升、评优等方面，还应当让他们认识到自己有更多的发展机会，从而维持高动机和高绩效。

在博物馆事业发展中，人才是不可或缺的重要因素之一，做好人才管理与培养工作至关重要。而随着事业改革的不断深入，学习与运用现代管理学理论，把以前相对程式化的人事工作升级为专业性很强的人力资源管理已是大势所趋，将人力资源管理的理论与方法和博物馆工作实际相结合，不断探索和完善遵循博物馆发展规律的人力资源管理模式，使博物馆人把初心使命转化为锐意进取、开拓创新的精气神和埋头苦干、真抓实干的行动自觉，不断推动博物馆事业高质量发展。

**参考文献**

董克用，李超平.人力资源管理概论.5版［M］.北京：中国人民大学出版社.

黄潇（人事保卫部副研究员）

博物馆学研究

# 着眼新问题，树立新理念，努力构建博物馆档案管理新格局

信息化时代，博物馆档案管理出现了许多新的问题，如何针对这些新问题，树立新的博物馆档案管理新理念，努力构建博物馆档案管理新格局，是我们博物馆档案管理人员必须面对和解决的重要任务，对新形势下做好博物馆档案管理具有重要的现实意义和历史意义。

## 一、当前博物馆档案管理存在的新问题

主要存在以下几个问题：

### （一）观念滞后

博物馆档案管理工作是一项默默无闻的工作，整日里面对的是档案柜和一本本的档案，不像其他工作那样丰富多彩，怎么努力都没有明显的成绩。正是这样的静默，使得人们对档案工作的重视程度不够，且都存在一些误区。在人们的心里，档案工作就是登记、保管的事务性工作，谁都可以做，不是重要的岗位和重要的工作内容，保管好、不遗失、不泄密，能应付查档就可以，就是好档案员。而档案管理信息化是一项极容易被忽视的工作，提到日程上来的机会几乎没有。很多单位的档案工作，基本上是说起来重要、排起来次要、忙起来忘掉、用起来需要的局面，更谈不上什么信息化了。

### （二）能力不高

就目前各个博物馆的情况来看，从事博物馆档案管理的人员一是人数不多，二是素质不够高，三是工作积极性不够高，当一天和尚撞一天钟，得过且过，应付差事。其实，作为一名合格的博物馆档案信息化

管理工作者，一要熟练使用计算机等各种信息工具，二要掌握网络等信息传输工具的理论知识和运用技能，三要具备对博物馆档案信息的加工、提炼能力，把有价值的档案信息有效地传递给档案利用者。只有既谙熟档案管理又掌握现代信息技术的复合型人才，才能胜任这项工作。但是现阶段博物馆对档案管理人力资源方面投入资金有限及传统用人体制等原因，使得优秀人才难以被吸纳进来，现有人员接受培训机会又比较少，直接导致了博物馆档案队伍综合素质普遍不高，严重制约了先进的技术和管理理念在博物馆档案管理信息化建设中的推广和应用。

### （三）基础薄弱

硬件设施基础薄弱是指实施信息化管理的工具缺乏，硬件设施主要是相关的一系列必要的工具器材，如计算机、打印机、扫描仪、数码相机、光盘刻录机、缩微设备、复印机以及光盘、磁盘，等等。由于这些设备的配备都需要较大的经费投入做保障，而且设备的后期维护成本也比较高，资金缺乏往往就会导致设备配置紧张、维护不到位。缺乏了必要硬件支持，纸质的档案信息化转换处理、整理分析工作也会受到影响，快捷高效的信息化管理便无从谈起。软件环境基础薄弱是指博物馆档案信息管理各个环节的标准规范缺乏。比如在把纸质的档案转换成电子文档这个阶段，缺乏详细统一的标准来要求什么样的纸质档案应该采用何种转换格式，导致相同类型的纸质档案经过不同的部门和人员处理就有不同的电子格式，增加了信息化管理的工作量和工作难度。还有一些电子表格，不同部门或人员填制的标准不相同，也增加了博物馆档案整理、归档的难度，如填写缺乏完整性、备注栏填写样式不同等情况。此外，在电子档案的保管、传递、调阅、使用等环节都没有统一的要求，导致博物馆档案信息化管理存在很多人为不确定性因素。

### （四）共享不够

博物馆档案信息需要共享，这是由博物馆档案信息资源自身的特点决定的，博物馆档案信息共享也是档案信息化建设的一个基本目标。由于档案信息在一定程度上具有保密性，因此其信息共享具有限制性，即在一个特定范围内共享。但在信息化管理中，由于各种电子技术的应用，博物馆档案信息泄密的渠道和风险在不断增加，除了常见的网络病毒、黑客通过网络对存储系统入侵以及工作人员泄露等情况外，电磁泄漏、剩磁泄露等威胁更是防不胜防。此外，由于博物馆馆藏物品和档案信息是相互分离的，泄密具有很强的隐蔽性，几乎无法判断是档案信息泄露还是藏品信息公开。因此，博物馆档案信息共享与安全保密形成了矛盾。

### （五）重藏轻用

博物馆档案室承担着档案保管和档案利用的职能。但是，长期以来，博物馆档案部门主要依靠归档制度来保证档案实体的收集有据可循，始终未能摆脱"重藏轻用"的局面，即重视以实体为中心的"保管模式"，忽视以信息整合为中心的"后保管模式"；重视博物馆档案馆内部组织管理，轻视研究和预测社会对馆藏信息的需求；重视馆藏具体服务方式，轻视深层次的信息服务；重视馆藏档案信息的政治性和保密性，轻视馆藏档案信息的社会性和文化性。

## 二、当前博物馆档案管理应该树立的新理念

笔者认为，应该树立以下新理念。

### （一）立足长远

传统观念将博物馆的工作重心放在文物的征集和保管方面，虽然我国博物馆界早在20世纪50年代就提出了博物馆"三重性质和两项基本任务"的说法，即：博物馆是科学研究机关、文化教育机关、物质文化和精神文化遗存或自然标本的主要收藏所的三重性质，和博物馆为科学研究服务、为广大人民服务的两项基本任务。根据这一提法可知，当时对博物馆的服务功能已有一定认识，但在深度和广度方面明显不足。随着我国经济的不断发展，人们对精神文化生活要求不断提高，博物馆人对自身功能定位的认识也不断深化，博物馆的社会功能开始被确认和深层挖掘，包括文化教育、爱国主义教育、学术交流、文化休闲娱乐等在内的众多服务功能被确认，博物馆仅是文物保管所的时代已一去不复返。博物馆功能的多样化、服务功能的确认，必然要求博物馆在整合和利用社会信息资源、加强信息高效交流以及提高工作效率等方面需要花大力气去做好工作。由此可见，现阶段逐步实现博物馆档案管理信息化，是更好地发挥博物馆社会服务功能的必然要求，是一项极为重要的

基础性和保障性工作，功在当代，利在长远。

（二）整合利用

随着信息化时代的到来和社会各个方面信息化程度的不断加深，蓬勃发展的博物馆事业需要进一步规范档案信息管理与开发工作。我们经常听到我国博物馆界"建设现代化博物馆"的提法，现代化博物馆的指标是非常多的，但是，实现博物馆档案资源信息化，切切实实做到完整、规范、高效的信息资源处理、整合与利用，是其中一个必不可少的指标，其地位和作用也越来越重要。因为只有实现博物馆档案管理信息化，才能实现博物馆管理现代化，这是一个必然要走的路径，同时也是实现现阶段博物馆科学管理的必要手段。

（三）精准管理

由于缺乏有效的档案信息管理系统或档案管理规章制度的不完善，在博物馆对内对外工作中产生的大量档案因得不到有效、及时的整理归档而不断散失。因工作需要，查询相关资料，也只能依靠工作经验和个人记忆在本来就无分类或分类不科学的档案堆中手工翻阅，查准率和查全率根本得不到任何保障，其过程和结果可想而知。大量的博物馆档案信息如文物档案信息、学术研究成果信息、行政档案等因档案基础工作薄弱，其重要价值无法表现出来。除此，还反映在馆际之间的各种领域和形式上的交流，在一定程度上受到交流双方档案信息资源开发能力的限制，如果一方无法有效地开发利用本馆的档案信息资源，双方的互动和交流是很难达到预期效果的。

# 三、现阶段构建博物馆档案管理新格局的几点措施

（一）统筹协调，夯实基础

一是加强标准化、规范化建设。博物馆档案电子文件从形成到归档，涉及的岗位和人员众多。必须在电子文件的形成、运转、处置、直到归档的各个环节，实行标准化、规范化、制度化的管理，确保同一类型的档案在不同部门和人员之间产生的电子文档格式、大小、样式一

致。在此基础上，要严格博物馆电子档案管理的各个环节，包括生成、加工、保管、借阅的程序，做到归档统一、保管安全、使用有序，确保收集到的博物馆档案信息真实、完整、有效。

二是合理利用博物馆档案部门现有硬件设备。按照既满足工作需要，又节约成本的原则，在配备计算机、扫描仪、数码相机、刻录机等基本硬件的基础上，严格设备专用要求，加大对现有设备的维护力度，保证设备的正常工作，以避免影响信息化管理的工作效率；

三是要争取多方力量的支持。由于档案工作不是博物馆的重点工作，因此博物馆档案部门必须正确认识自身所处的位置，多方面争取领导的重视和兄弟部门的理解，并将博物馆档案管理信息化工作纳入整个单位信息化管理体系当中，力求从资金、人员等各方面获得支持，从而改善发展信息化的条件。

### （二）加强培养，做好储备

一是在适度引进人才的同时，更要做好人才储备工作。一方面，当前博物馆档案信息管理急需人才和高端人才的引进，以解除档案信息管理人才缺乏的燃眉之急，及时调整档案信息管理人员的知识结构；另一方面，博物馆档案工作本身是对历史资料的收集和整理，是一项长期性、延续性工作，因此在适度引进人才的同时，更要通过博物馆岗位轮换、工作内容合理设计等途径，加大人才储备。

二是要不断强化博物馆档案业务人员和工作人员的档案信息化意识教育。博物馆档案信息工作绝不仅仅是档案业务部门的日常工作，全体工作人员都要在工作中不断加强对博物馆档案管理信息化重要性的认识，进一步强化保护档案信息、利用档案信息及开发档案信息的全局意识。只有这样，博物馆的档案信息工作才能在更加牢固的群众基础上得到全面提升，才能不断推进博物馆档案信息工作的规范化。

三是要不断加大博物馆档案管理信息化人才的培养。博物馆档案信息化管理的主要内容和核心就是计算机技术和网络技术的应用，档案工作人员必须能熟练运用计算机以及各类现代化办公设备进行电子文档的制作、使用和维护。博物馆档案管理信息化是不断完善、优化的过程，始终要依赖于档案人员素质的提高。为了培养档案管理人才，使他们掌握新知识、新技能，必须要加强对现有博物馆档案工作者的继续教育和培训，使其除了掌握档案学理论和具有档案思维外，更要具备创新意识和运用现代信息技术的能力。

### （三）认真管理，确保安全

第一，要建立健全信息安全机制。对博物馆档案信息保管安全，要通过多种方式建立档案数据的保存、迁移及校验机制，并建立功能齐全的信息处理工具和利用工具，确保信息的保管安全。第二，要建立权限设置。博物馆档案信息开发利用的正常运行，主要依赖于计算机网络的安全。对信息利用安全，要建立层次分明、角色明确的信息利用机制，并建立权限设置的流程。第三，要完善技术手段。在系统安全管理上，通过采取设置防火墙等技术手段，在计算机硬件环节上阻隔安全隐患，确保档案信息资源的安全、有效以及网络系统正常运行的安全。第四，要加强安全管理。由于信息时代，档案工作人员接触到的信息更加频繁和密集，其中包括单位的核心数据信息，因此要加强对工作流程、文件信息以及信息保管方式的管理，确保信息运转流畅、安全可靠。同时还要加强对信息工作人员的管理，建设一支高度自觉、遵纪守法的档案管理小队。

### （四）集中力量，注重整合

档案信息资源建设是实现博物馆档案管理信息化建设的重要因素。一是要增加博物馆档案门类。要从丰富馆藏入手，狠抓档案信息的储备，广泛收集，广览信息，改善馆藏结构，增加博物馆档案管理信息门类。二是要不断进行整合加工。在进行数字化处理时，不仅是把现成的档案数字化，还要对分散的档案信息进行整合、加工，把经过二次加工的信息同时进行数字化，才能真正扩充信息资源，提高信息资源的质量和利用率。三是要加强共同标准的制定和应用。在博物馆档案管理系统建设中，常会遇到过分强调本单位特殊性、管理方式不可更改的情况。这种无视标准化、拒绝采用标准的观念是极具危害性的。标准化意味着系统性的进步，对信息系统的长远发展有着不可估量的推动作用。因此，必须大力推进共同标准的制定和应用。对耗费巨大的部分标准，例如电子档案的标准更应统一领导，集中力量，不断推进。

### （五）搭建平台，互联互通

一是充分利用博物馆互联网站，最大限度地实现博物馆档案信息服务与社会信息资源共享。博物馆档案信息服务是博物馆充分开发和利用本馆档案信息资源并满足利用者不同需要的服务。具体做法就是在对博物馆档案信息进行深层信息挖掘和解读的基础上，完善档案信息数据库系统，利用互联网在保证档案信息安全的前提下，将博物馆档案信息进行有限度地向社会公开。这样既有利于博物馆的社会宣传，同时也为社会各界的信息需求打开了一扇窗户，从而实现了档案资料的有效利用。

二是充分利用博物馆内部局域网建立博物馆内部网络通用平台。在信息化和办公自动化模式下，纸质办公文件的数量明显减少，电子文件占有越来越大的比例。针对这种情况，博物馆可以通过专用的软件在局域网上实现电子文件的自动上传，将在各部门单机上形成的单个电子文件即时传送到博物馆档案室的服务器上，由档案室统一归档。档案室服务器集中管理各部门传递来的并经过归档的电子文件，并在局域网内部提供有限制性或非保密电子文件查询和利用服务，从而实现信息资源共享。这样既能实现博物馆内部档案的集中保管，又方便各部门的利用，在一定程度上解决了集中与分散的矛盾。

总之，在新的历史条件下，只要我们针对博物馆档案管理出现的新问题，树立新的博物馆档案管理理念，不断夯实博物馆档案管理措施，就一定能够构建博物馆档案管理新格局。

周晶晶（办公室档案馆员）

# 博物馆科普工作多元化探析

## ——以北京古代建筑博物馆为例

科学普及简称科普，意指运用浅显的、通俗易懂的方式，让公众接受自然科学和社会科学的知识、推广科学技术的应用、倡导科学方法、传播科学思想、弘扬科学精神的活动。从本质上来说，科学普及是一种社会教育，作为博物馆社教工作者，要以丰富的内容和创新的形式，深入挖掘其蕴含的文化内涵，通过多样的传播载体对文化精髓进行深入解读。随着社会公众对科普的需求程度越来越高，博物馆科普创作的传统模式已无法满足公众的需求。近年来，我馆围绕北京中轴线战略定位，突出科学思想与科学方法在古建筑专题性博物馆的实施，宣传贴近百姓的科普内容，弘扬中国传统文化，普及科学知识，开展文化交流。我们把青少年作为重要的服务对象，在展览形式和科普内容方面更加在意学生们的感受，用青少年喜爱的方式开展各类科普活动。发挥本馆科学特色，营造有效的文化传播氛围，普及古代建筑知识，引导公众探究建筑结构和技术。本文以北京古代建筑博物馆为例，对于科普展览、科普活动、科普课程创作、科普志愿者，以及科普工作多元化模式进行探讨。

## 一、中小型博物馆科普工作开展的意义

2018年9月，习近平总书记向世界公众科学素质促进大会致贺信，明确指出：中国高度重视科学普及，不断提高广大人民科学文化素质。当今社会，公众对于科学文化知识的需求日益增长，本文主要介绍中小型博物馆如何发挥自身优势，弘扬科学精神、传播科学思想、倡导科学方法，以及在科普工作多元化方面我们所做出的创新和改变。北京古代建筑博物馆作为古建筑专题性的博物馆，要通过我们的努力把古建知识

和先农文化带到同学们的身边，让学生们领会中国古代精湛的建筑技艺，感受华夏文明的博大精深，增强学生们的文化自信心和民族自豪感。通过开放为青少年设计的互动区域，当学生们来到博物馆参观时，结合种类丰富的建筑模型以及展板内容，对古建筑背后的奥秘进行探究，培养学生们自主学习的意识，达到传播古建筑思想的作用。

## 二、依托基本陈列　传播科学知识

北京古代建筑博物馆坐落在明清皇家坛庙先农坛内，是一所古建筑专题性的科学技术类博物馆。先农坛坐落于中轴线西侧，与天坛遥相辉映，这里有中国古代农业科技的展示区域——明清耤田，也是现在我们所说的"中轴线上的农业"。本馆现有两组基本陈列，其中包括《中国古代建筑展》和《北京先农坛历史文化展》。学生们在参观过博物馆之后，不仅可以了解先农坛的历史变迁，也可以领会中国古代精湛的建筑技艺，感受华夏文明的博大精深。我们向观众科普的不仅仅是古建筑知识，更是先农坛经历了历史沧桑后所展示的文化命脉。历史遗迹博物馆的讲解内容，既包括展览陈设部分，也包含遗迹所蕴含的历史文化部分，缺一不可。在学校组织学生前来参观之前，我馆社教工作人员会与学校教师共同确定一个参观主题或目的，并做好主题设计准备工作和前期的筹备工作。在参观当天，本馆会为参观团体发放对应的学习单，负责讲解的老师会按照学习单上的内容重点进行介绍，引导学生参照学习单上的问题来进行探究，离开博物馆后进行复习。通过讲解的过程，让学生对于古建知识和先农文化有了初步的了解，培养学生对于中国传统建筑的兴趣，从而激发学生对于古建筑知识的进一步探索。通过开展双向互动，了解学生的参观需求和意愿，解答学生的疑惑。相互协作的科普模式，提升了学生参观博物馆的兴趣度，增强了学生的参与度。

## 三、科普日主题活动

全国科普日，是为纪念《中华人民共和国科学技术普及法》的颁布而开展的活动。全国科普日由中国科协发起，全国各级科协组织和系统为纪念《中华人民共和国科学技术普及法》的颁布和实施而举办的各类科普活动，定在每年9月的第三个双休日。

北京古代建筑博物馆每年科普日都会推出具有古建特色的科普活动。我馆自 2019 年 3 月加入北京科学教育馆协会后，作为首批成员单位，更加注重科学传播在博物馆科普活动中的应用。我馆连续两年参与"首都科普"联合行动，皆被北京科学教育馆协会评为优秀组织单位。为提高公民科学文化素质，促进讲科学、爱科学、学科学、用科学良好风尚的形成，北京古代建筑博物馆在全国科普日活动期间，根据本馆特色以传播科普知识，引导科学思维、启发科学思想为指引，开展了"筑梦古建，乐享先农"科普日专题活动。以传播科普知识，引导科学思维、启发科学思想为指引，开展了丰富的体验活动。由于疫情防控的原因，此次活动分为线上和线下两部分：线上活动为"科技筑梦云对话"，线下活动为"中轴线上看先农——先农坛打卡活动"，在科普日活动期间，除了在本馆范围内开展科普活动之外，我们还走出博物馆，前往北京第二实验小学，开展"清代王府文化"体验课程。

古建馆在科普日期间充分发挥本馆科学特色，开展适应青少年的科普活动，营造了有效的文化传播氛围，在普及建筑知识、引导公众探究建筑结构和技术、了解先农坛的历史方面发挥了很好的作用。

# 四、中华古建系列科普课程

## （一）博物馆科普课程研发

课程资源主要以学校的课程为核心，围绕课程活动的资源统称为课程资源。博物馆课程将博物馆的资源补充到学校课程中缺少的部分，无论是学校课程，还是博物馆课程，目标都是为了给学生营造一个良好的平台，从而提高目标受众的素质和能力，通过整合博物馆的相关资源，充分发挥博物馆的优势，以丰富的课程形式，通俗易懂的内容为载体，为青少年提供科普课程。正因如此，我馆开发出了系列古建类的科普课程。2016—2017 年是研发的初期阶段，笔者作为研发课程的主要成员，在摸索的过程中，通过实践，慢慢形成了古建课程的教学体系。起初，我们将课程带到了学校，在史家小学讲授，每年春季、秋季各有两期课程，现已持续开展了六年时间。从研发古建课程至今，我们带着课程走进了许多学校和其他博物馆，在讲授课程的同时，我们也在对课程进行深化，丰富科普课程类型，优化活动教具和学习手册，让学生可以更好地感受中国古代建筑的独特魅力。

## （二）科普课程的特点

### 1.划分课程难易程度

博物馆推出的科普课程可以说是一种"启蒙式"和"进阶式"的知识传播。不同年龄段儿童的思维发展水平具有明显的差距，博物馆资源课程化下的儿童教育要针对不同年龄段儿童的心理发展水平，制定不同类型的课程。学生思维的发展是分阶段的，也决定了不同年龄层的学生思维的发展具有明显差距。因此，科普课程需要以博物馆为主体，针对不同年龄层的学生，讲授不同难度等级的知识点。

### 2.课程形式通俗易懂

学生的认知水平与成人有很大区别，在博物馆资源课程化的科普课程要选择适合青少年能够理解的内容进行加工，例如将复杂的古代建筑建造过程转化成通俗易懂的故事、视频、动画等，从而有益于学生对于知识的吸收。

### 3.引导学生课后思考

对学习过程和学习结果开展有效性研究，其目的是评估学习者所经历的学习过程以及他们所获得的学习成果。博物馆的科普课程，已经逐渐由"知识传递"转化为"文化传承和文化创新"，如果教师一味地宣讲，学生只能搬运老师所传授的知识，我们的目标是让学生能够在学习知识的过程中加入自己的思考，培养主动探究知识的能力，激发后续学习的热情。通过这样的过程，使学生建立正确的世界观、人生观、价值观，保持对知识的渴望，保持对探索的兴趣，培育科学精神。课后思考不只局限于学生需要做进一步的探究，工作人员也需要对课程进行总结和深化。博物馆需将一定数量的课程样本留存，整合与优化出更益于学生体验的课程体系。

## （三）课程内容

我馆现已开展内容丰富的"中华古建系列课程"，其中包括《中国古代建筑技术》《中国古代建筑彩画技艺》《中华牌楼建造技艺》《中华古亭》《北京四合院"宅门"》。课程均以"探索古建筑"为中心，依托先农坛留存下的古建筑群，让学生在古建筑这所"大博物馆"里面进行知识的探寻。古建筑的知识，对于中小学生来说，理解起来稍显困难，但是通过讲解、类比、观察、讨论等一些有效的科普方式，将复杂的知识简单化，将枯燥的原理趣味化，让学生在有效的指引下，进行古建构造的探秘。本馆的古建课程授课过程分为三部分：展厅参观、科普"微"讲座和互动体验。课程均配备相应的学习单，在展厅讲解的过程中，学生可以按照学习单上的思路进行探究。参观结束后，学生进入活动教室中，博物馆的老师会对展厅中所讲授的内容进行简短的总结，以及类比讨论，通过一些古建筑构件的动画展示，让学生可以更直观地了解古建筑的结构和力学原理。所谓"大国工匠"，他们不是物理学家和科学家，但是他们所建造出来的古代房屋却符合科学原理。通过将古建筑的构造原理与现代科学技术相结合，带领学生探寻其中互通的内涵，增加学生的民族自豪感。互动体验的过程，是将原理应用到实际的过程，体会古建结构的奥秘，感受中国古代建筑精妙的技艺，加深对中国古代建筑的了解。在课程的最后，授课老师会引导学生对于古建筑进行更深入的科学探究，激发学生对古建知识的探索能力。

### （四）科普课程教具开发

互动体验的过程对于学生来说，往往是印象最深刻的部分，也是让学生了解古建知识最直观的方式。学生亲自动手拼装古建筑模型、制作彩画抱枕，以及拼装四合院宅门等模型的过程，是慢慢接近"古建筑思想"的过程，在潜移默化中体会其中所蕴含的古建筑知识。课程教具的研发要求，是要制作出符合课程所讲述的构造原理，正确地传达古建知识的模型。课程教具需较强的操作性、较好的趣味性和一定的实用性，这也是我馆自主研发"雄黄玉彩画抱枕"的初衷，通过生活中经常用到的物品，赋予它古建知识的含义，让学生能够在生活中感受到科学的魅力。

## 五、与北京建筑大学共创研学基地

为开展丰富的"博物馆研学"活动，本馆与北京建筑大学达成战略合作，共同创办"古代建筑思想与技术"主题研学基地。研学基地建设主要分为五个部分：展教区域、展教展项、展教课程、展教活动和专家团队。其中展教区域、展教展项和展教课程是整个研学基地建设基础，展教活动是整个基地建设成果对外集中展示的重要一环。

中国古代建筑思想与特征主题展览区域是利用既有的古代建筑群，开展室外的实践活动，结合古建文物，通过利用观察、对比等方法，让学生深入了解古代建筑建造过程中的思想及其主要特征。中国古代建筑营造技术展区分为中国古代建筑木构技术和建筑施工与构件加工技术两个子展区，其中中国古代建筑木构技术和建筑施工与构件加工部分是互相关联的，木构技术是从建筑科学角度出发的，建筑施工与构件加工部分是从建造科学角度出发的，两者是相互补充的关系。在中国古代建筑木构技术部分，重点围绕古代建筑科学开展介绍，重点介绍了台基、屋架、屋顶、斗拱和榫卯技术，建筑科学的介绍为后续建造科学内容介绍提供了铺垫和支撑，建筑施工与构件加工技术重点介绍了营造施工、砖瓦加工、木材选用、御窑金砖制备的流程，建筑科学与建造科学是相互关联的，共同推动我国古代建筑科学思想与技术的发展。同时，本馆与建筑大学合作开发古建元素的课程教具——太岁殿柱头科斗拱模型。介绍古代建筑中不同类型斗拱的功能，让青少年对于建筑结构及其相关关系有更加清晰的认知。

展教活动组织模式采用"1+1+1"的组织模式，即以"博物馆＋大学＋中小学"的模式开展基地研发和日常运行工作，其中北京古代建筑博物馆负责提供研学基地场所，负责研学基地日常运行工作；北京建筑大学负责研学基地建设设计和实施工作；相关合作的中小学负责提出相关需求建议，同时根据青少年自身特点，为研学基地建设提供落地建议和相关帮助。

# 六、大学生科普志愿者

随着我国博物馆事业的快速发展，越来越多的博物馆把志愿者纳入专业队伍建设，志愿者已是国内许多博物馆不可分割的一项业务工作。北京古代建筑博物馆于 2021 年 6 月正式成立一支以弘扬古建知识和先农文化为核心的科普志愿者团体，发挥大学生的特长，创新科普方式，把志愿者服务内容与博物馆科普工作相联系，结合"古建专题课程"和多种科普活动，开展文化交流。本团体招募的对象为合作创办研学基地高校——北京建筑大学建筑学院古建筑专业的学生，科普志愿者不仅局限于讲解，同时也将从科普活动、发布科普文章以及科普课程开发与实施等多种方式，结合当代大学生的创新思维，弘扬中国传统文化，普及科学知识，为志愿服务增添新的色彩。本馆大学生科普志愿者在 2021 年度"筑梦古建，乐享先农"科普日专题活动中发挥奉献精神，互相协助，为公众提供了优质的服务，志愿者团体的凝聚力也在实践中得到了提升，最终圆满地完成"打卡"活动。

# 结　语

　　博物馆逐渐成为家长带学生进行课后学习的场所，北京古代建筑博物馆作为遗址类的科学技术类场馆，向前来参观的观众展示了先农坛沧桑六百年的历史变迁，也让观众能够领略到中国古代建筑技术的博大精深。通过学生来参观博物馆、博物馆组织的教育活动和前往学校开展专题课程的方式，让学生们能够积极主动地学习，达到最佳的"博物馆教学"效果。北京古代建筑博物馆不断努力适应时代发展的要求，完善博物馆的科普工作，做好对于不同年龄层学生的"启蒙式"与"进阶式"课程开发，让博物馆走到每个同学的身边，使他们真正了解博物馆，体会其中所蕴含的科学思想和科学方法，将博物馆的知识带回家。

陈晓艺（社教与信息部馆员）